超図解

いちばんよくわかる

土と肥料入門

加藤哲郎
監修

家の光協会

はじめに

味がいい、実がたくさんつく、そんなすぐれた性質をもつ品種の種子をまいても、土が生育に適していなければ、うまく育てることはできません。では、どんな土が野菜の生育に適しているのでしょうか。それは、有機物が多くふかふかで、pHが適正で肥料もちがよく、さまざまな微生物やミミズなどの生物が豊かな土です。

みなさんの畑の土の色は、何色ですか？　どんな触感でしょうか？　黒や茶色、やわらかだったり、かたかったりするなど、千差万別のはずです。野菜づくりの第一歩は、そんなさまざまな土の性質を知ることから始まります。そして、その性質やpH、養分状態などにあわせて適切な施肥をするとともに、堆肥や石灰資材などを施したり、いろいろな対策をとったりすることで、野菜の生育に適した土に改良していくことがたいせつです。

畑によっては、野菜が根を張ることのできる作土層が浅かったり、水はけが悪かったりするなど、問題を抱えている場合もあるでしょう。しかし、野菜づくりには向いていないとあきらめる必要はありません。このような畑でも、高畝をつくるなど工夫をすることで、野菜づくりを楽しむことができます。本書では、さまざまなタイプの土、そして畑の状態を想定し、土づくりの方法を紹介しています。みなさんの畑の状態にあわせた土づくりを始めてみてください。

ところでみなさんは、肥料を施すときに、どんなことを考えていますか？　多くの方が、「早く大きく育ってほしい」と願いながら肥料を施していると思いますが、そうすると、ついつい施肥量が多くなりがちです。じつは日本の畑は、養分過多になっている傾向があります。とくに、面積が狭くて大量の肥料が投入されることの多い家庭菜園では、その傾向が顕著です。肥料は、野菜の生育を助ける重要な資材ですが、不足しても、過剰になっても、野菜の生育に悪影響を与えます。そのため、作付けの前には土の養分状態を調べることが必要です。

また、市販されている堆肥や石灰資材、肥料には、ひじょうに多くの種類があります。あまりの数に、店頭で途方に暮れた経験のある方も多いのではないでしょうか？　本書では、さまざまな資材についてそれぞれの特徴を説明しています。もちろん、野菜ごとに必要な肥料の成分や、量は異なっています。野菜ごとの施肥プランも紹介していますから、みなさんの畑の土に適し、育てたい野菜にあった資材選びができるはずです。

土づくりも、肥料選びも、けっして難しくはありません。土づくりと資材選びのポイントを知れば、野菜の生育がぐんとアップします。そして、土と肥料への理解が深まれば、野菜づくりがもっと楽しくなってきます。

加藤哲郎

2016年8月

【目次】

Contents

第1章 土を極める

第2章

肥料を極める

第3章 ワンランクアップの土づくり

第4章 野菜ごとの施肥プラン

第1章

土を極める

土のここが知りたい！

〝土づくり〟は、土を知ることから始まります。堆肥や石灰資材なども、それぞれの特徴を知って、適切なものを選びましょう。

どんな土がよい土なのか知りたい

>>P12~15

自分の畑の土の状態を知りたい

>>P16~26

土づくりの基本を知りたい

>>P29~33,P44~46

堆肥の種類が多すぎる。
どのタイプがよいか
選び方を知りたい

>>P34~40

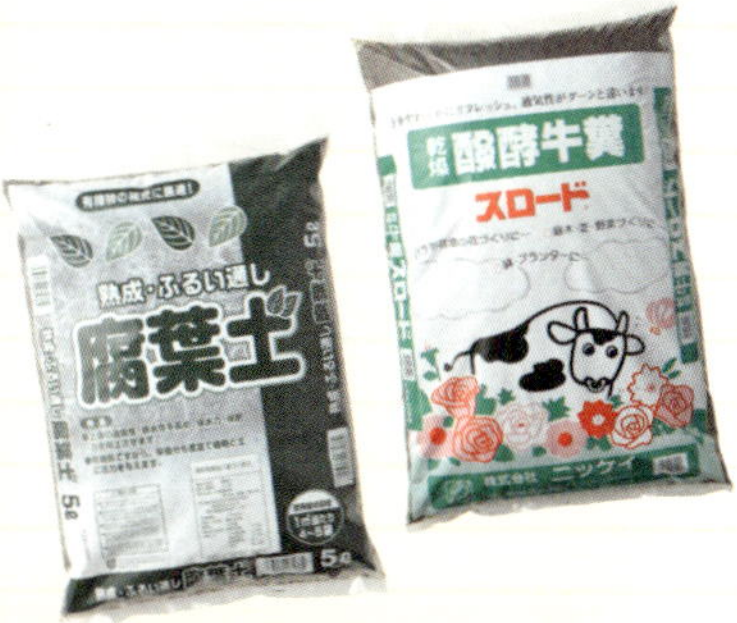

自分で堆肥を
つくってみたい

>>P42~43

石灰資材の種類が
多すぎる。どのタイプがよいか
選び方を知りたい

>>P47~50

問題のある畑の
土壌改良を
したい

>>P51~59

土を知る

よい土の条件とは？

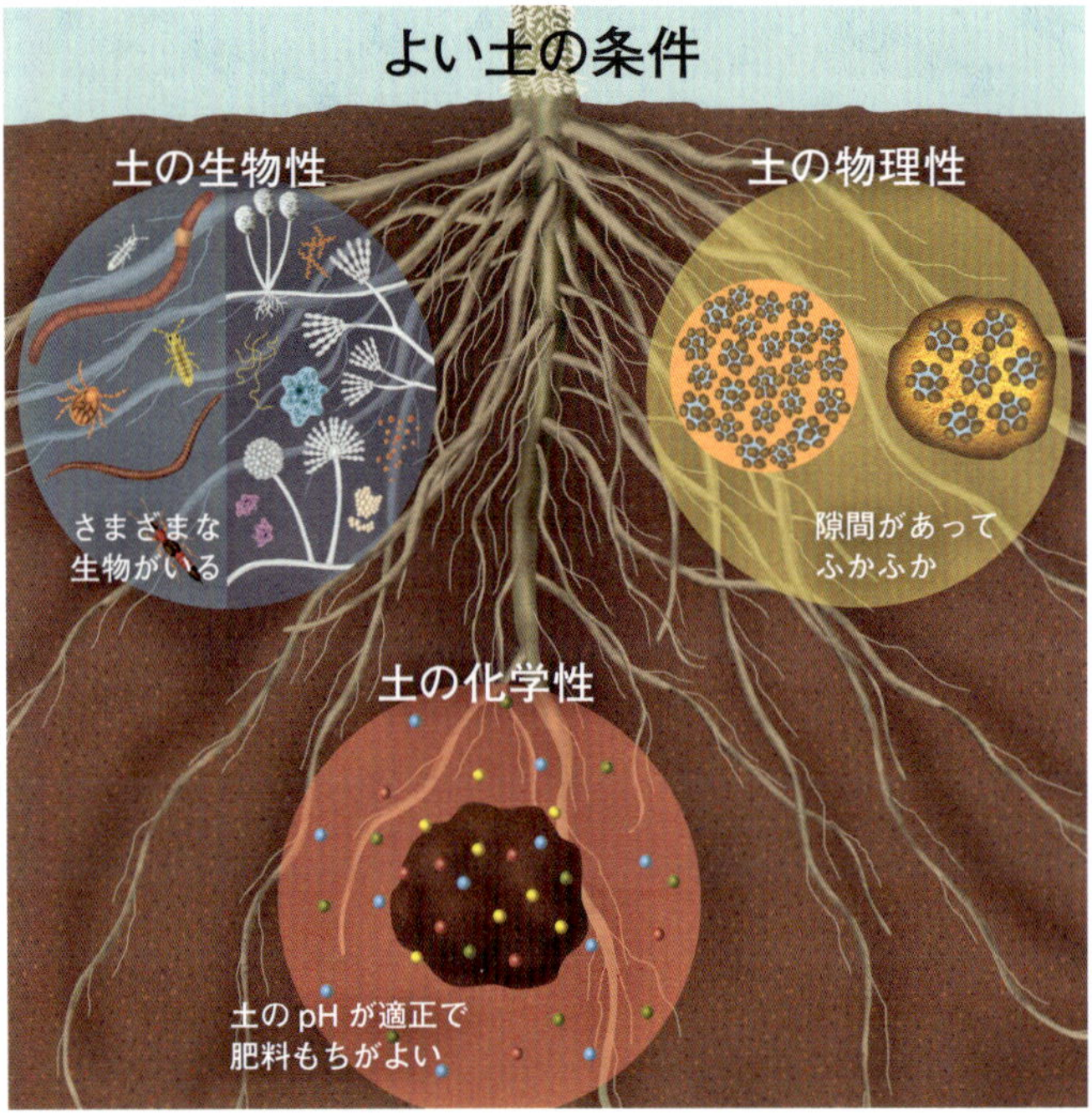
よい土の条件
土の生物性
さまざまな
生物がいる
土の物理性
隙間があって
ふかふか
土の化学性
土のpHが適正で
肥料もちがよい

よい土の3つの条件

土は、植物が根を伸ばして体を支えるとともに、養水分を吸収するためのたいせつな場所です。この土の状態によって、植物の生育状態は変わります。

とくに、人工的な環境である畑では、土の状態が野菜の生育を大きく左右します。根がしっかりと伸びられ、必要に応じて養水分を供給できる土なら、野菜が健全に育ちます。

よい土の条件には、さまざまな要素がありますが、一般的には、土の物理性、化学性、生物性の三つが重要とされています。具体的には、①適度な隙間があってふかふかで（物理性）、②pHが適切で肥料もちがよく（化学性）、③多様な生物が生息している（生物性）土が野菜の生育に適しています。土づくりは基本的に、この三つの条件を満たすことを目指して行います。

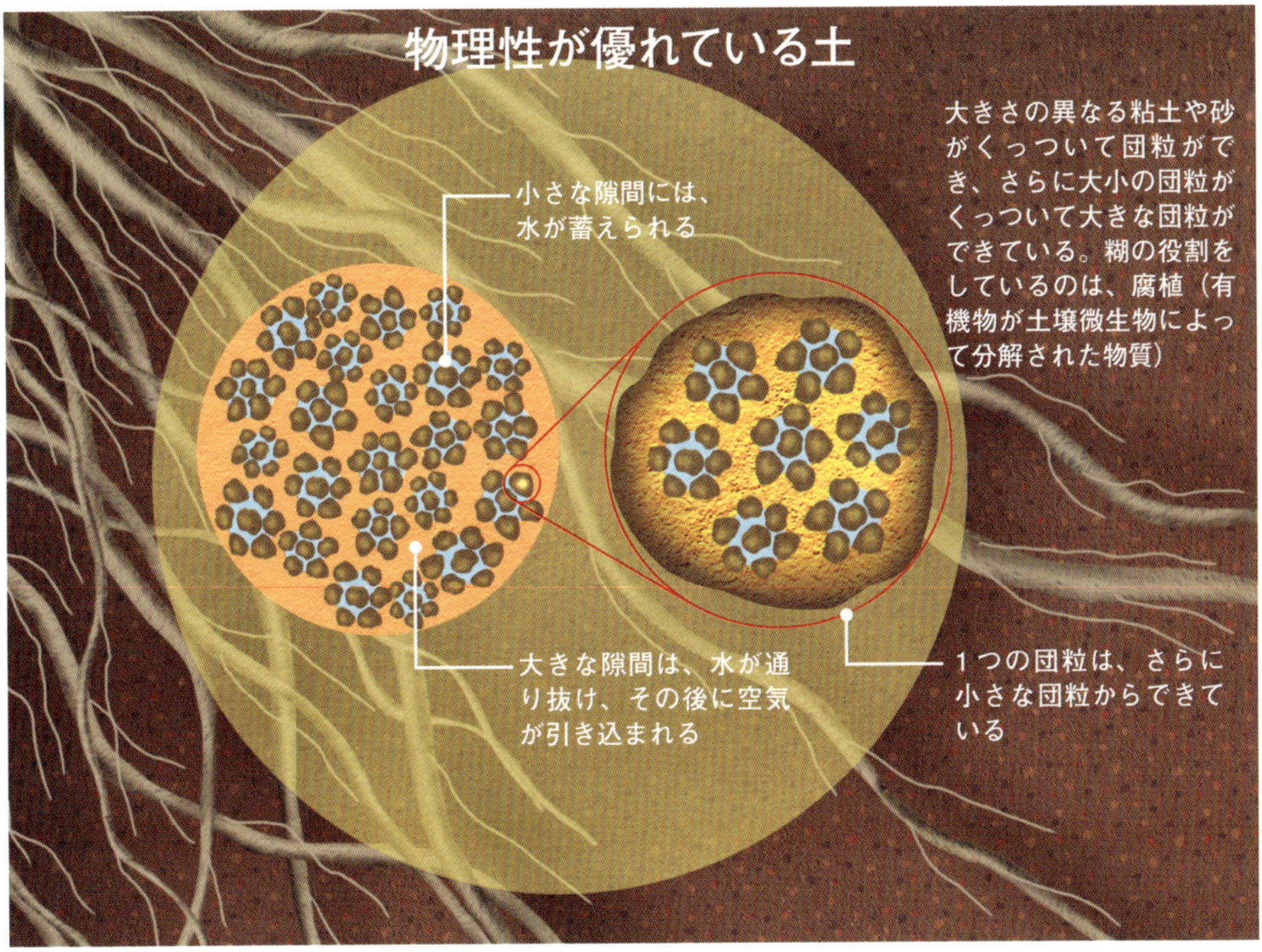
物理性が優れている土
大きさの異なる粘土や砂がくっついて団粒ができ、さらに大小の団粒がくっついて大きな団粒ができている。糊の役割をしているのは、腐植（有機物が土壌微生物によって分解された物質）
小さな隙間には、水が蓄えられる
大きな隙間は、水が通り抜け、その後に空気が引き込まれる
1つの団粒は、さらに小さな団粒からできている

①適度な隙間があってふかふか（物理性）

野菜が元気に育つよい土の条件の一つめは、土の中に適度な隙間があり、軽くふかふかしていることです。こうした土には、保水性と排水性がよいという特徴があります。そのため、しばらく雨が降らなくても必要な水分を土の中に保持し、逆に大雨のときには、余分な水分を地下に流す働きがあります。さらに、通気性にも優れているので、根が酸素と水分を十分に吸収できて、健全に伸びていきます。なお、この隙間には、水に溶けた肥料分も保持されます。

耕すことでも、土はふかふかになりますが、雨に当たったり、人が上に乗ったりすることで、ふたたび締まっていきます。その点、土が団粒構造になっていれば、この状態が長続きします。

土を団粒化させるには、堆肥や有機質肥料などの有機物を土に入れ続けることがたいせつです。有機物が微生物によって分解されてできる物質、腐植《ふしょく》が糊の役割をし、粘土や砂の粒子をくっつけて、団粒となります。こうしてできた団粒構造の土は、重層的な構造になっているため、保水性や排水性、通気性にたいへん優れています。

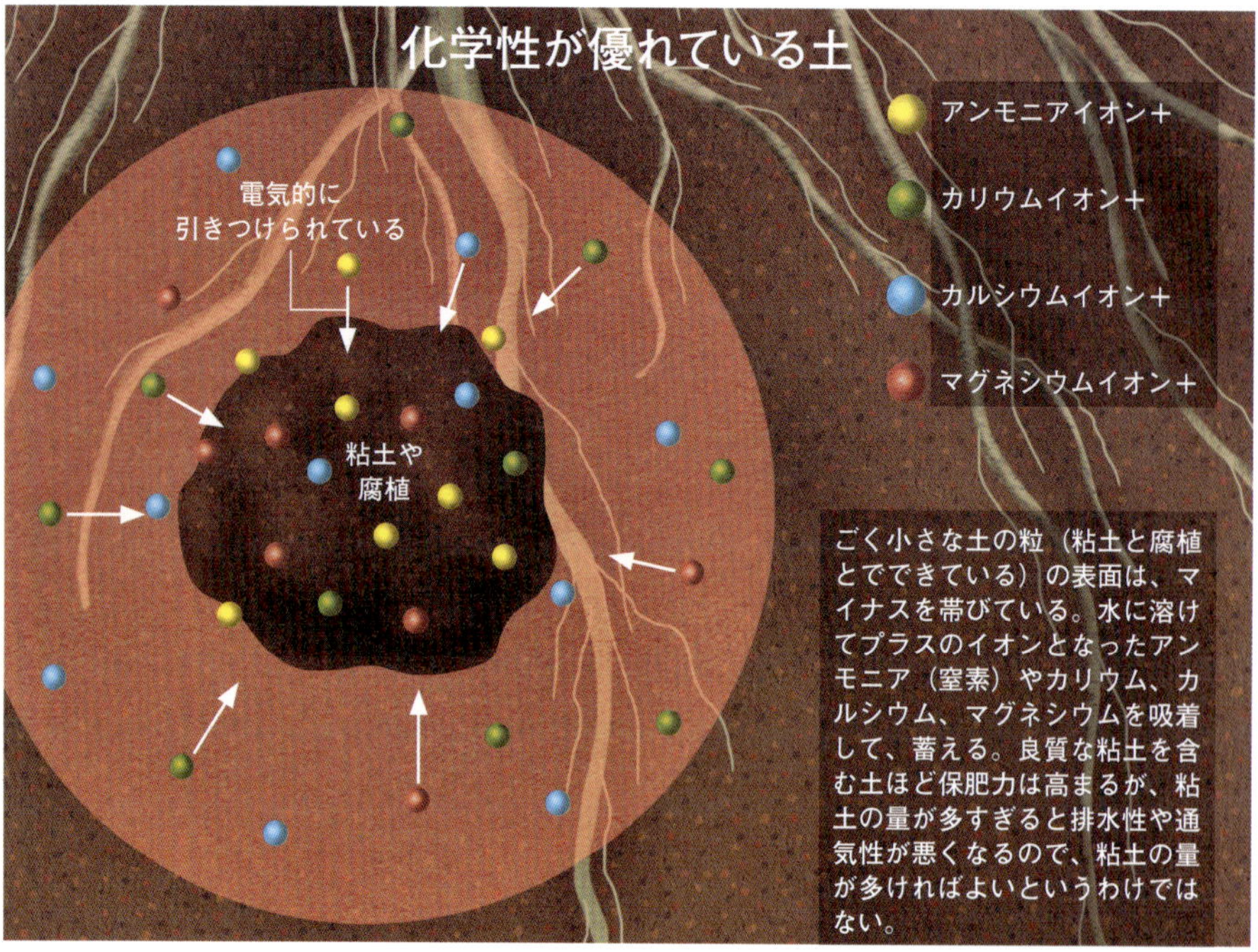
化学性が優れている土
アンモニアイオン＋
カリウムイオン＋
カルシウムイオン＋
マグネシウムイオン＋
電気的に
引きつけられている
粘土や
腐植
ごく小さな土の粒（粘土と腐植とでできている）の表面は、マイナスを帯びている。水に溶けてプラスのイオンとなったアンモニア（窒素）やカリウム、カルシウム、マグネシウムを吸着して、蓄える。良質な粘土を含む土ほど保肥力は高まるが、粘土の量が多すぎると排水性や通気性が悪くなるので、粘土の量が多ければよいというわけではない。

②pHが適切で肥料もちがよい（化学性）

pHとは、土壌の酸性、アルカリ性の度合いのことです。pHは0〜14の数値であらわされ、pH7が中性で、それより小さな値が酸性、大きな値がアルカリ性です。酸性の場合、数字が小さいほど酸性が強くなり、アルカリ性では、数字が大きいほどアルカリ性が強くなります。

pHが適切な値であることもよい土の条件の一つです。強い酸性土壌には根に悪影響を及ぼす物質が含まれているため、ほとんどの植物が嫌います。ところが雨の多い日本では、土中のアルカリ分（カルシウムやマグネシウム）が流されてしまい、多くの土壌は酸性になっています。野菜に合ったpHにするには、たいがいの場合、土壌を微〜弱酸性の範囲にする必要があります（44ページ）。

肥料分を蓄える力（保肥力）があることもよい土の条件です。この力があれば、ある程度まとめて施肥をしても土が肥料分を保持し、必要に応じて供給するので、肥焼け（26ページ）しにくく、肥料切れも起きにくくなります。肥料分は土の隙間のほか、電気的な力で土の粒の表面にも保持されます（上図）。この力は土の種類によって異なり、良質な粘土を多く含む土ほど高くなります。

生物性が優れている土
土の中の環境が多様で、生物の餌となる有機物が豊富にあれば、土壌動物から土壌微生物まで、多様な生物がすむことができる。多種多様な生物がいれば、バランスがとれて、野菜に害を与える生物の異常繁殖が防げる
土壌動物
ミミズやトビムシ、ダニなどの生物が、落ち葉などの有機物を分解して土をふかふかにしていく
土壌微生物
肉眼では見えにくい土壌中の微小な生物のことで、菌類（細菌、糸状菌、放線菌）や藻類などが含まれる

③多様な生物が生息している（生物性）

土の中にさまざまな動物や微生物が生息していることも、よい土であるたいせつな条件です。土壌生物のなかには、有機物を分解して、土の団粒化を促す腐植をつくるものや、施用した肥料を植物が吸収しやすい形にする硝酸菌、空気中の窒素を固定して植物の根に供給する根粒菌など、植物の役に立つものがいます。その一方で、根に感染して病気を引き起こす病原菌や、根に寄生して生育を阻害する虫など、植物に害をもたらす生物もいます。こうした生物は、どんな場所にも存在していますが、生物の多様性が保たれていれば、数が極端に増えることがなく、被害もさほど出ません。

多様な生物が生息する土にするには、小動物や微生物の餌となる堆肥や有機質肥料などの有機物を、適切に入れることが必要です。団粒構造の土にすることもたいせつです。団粒構造の土は構造が重層的で、それだけ環境が多様です。さまざまな大きさの隙間があり、空気が蓄えられている大きな隙間には好気性の微生物が、水が蓄えられている小さな隙間には、嫌気性の微生物がすむことができます。そのため、生物相が豊かになります。

畑の土の状態を調べる

畑の土の状態は千差万別

畑の状態は、千差万別です。適度に粘土が含まれた土もあれば、粘土が多すぎる土や、逆に粘土が少なく砂が多い土もあります。

また、ふだんから耕し、野菜が生育するのに利用している土の層（作土層）が浅い畑もあれば、この作土層にいきが混じっている畑や、地下水位が高く、つねに土が湿りぎみの畑もあります。

なかには、石灰資材や肥料を施しすぎて、土がアルカリ性に傾いている畑や、肥料分がたまりすぎている畑もあるでしょう。

そのため、土の状態によっては、野菜づくりの本に書かれているような標準的な栽培法では、野菜がうまく育たないことがあります。まずは、自分の畑の土の状態を調べ、正確に把握すること。これが野菜づくりを成功させる第一歩です。調べた結果に合わせて、施肥量などを調整したり、必要があれば、土壌改良をしたりすることで、野菜をじょうずに育てることができます。

家庭菜園でも調べたい項目

畑の状態を調べるには、さまざまな項目、方法がありますが、家庭菜園では、できることが限られますが、最低限、土のタイプ、作土層の状態、土のpH、土のEC（電気伝導度。土の中の肥料濃度の目安）は調べたいものです。これ以降のページで、簡単にできる、わかりやすい調べ方を解説します。

なお、調べる項目には、1度調べればよいものと、作付けごとに調べる必要があるものとがあります。土のタイプや作土層の状態は、野菜をつくっても変わりませんが、pHやECなどは、野菜を1回でもつくると大きく変わるからです。

1度、調べればよいもの

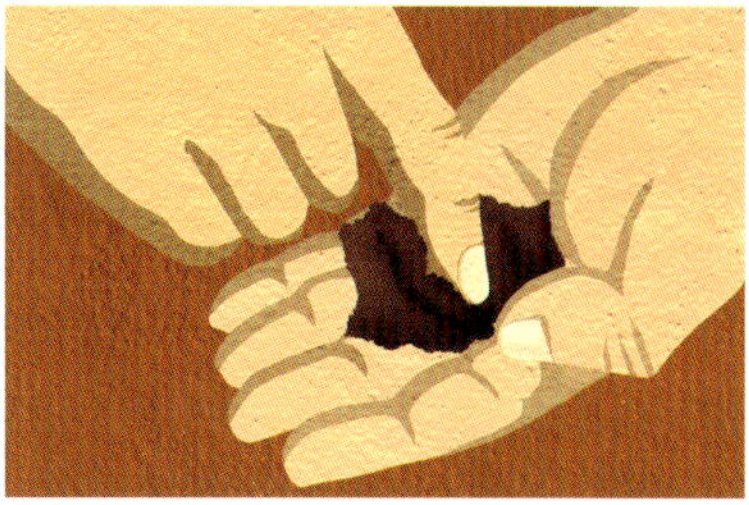

●土のタイプ→18ページ

畑の土が、有機物や粘土をどれくらい含んでいるかによって、通気性、排水性、保水性、保肥力などの特性が異なる。それぞれの畑の土の特性を踏まえ、土づくりをしていく必要がある。

●作土層の状態→22ページ

作土層とは、ふだんから耕し、野菜が根を張ることができる部分のこと。作土層がどれくらいの深さなのか、作土層の中にれきが含まれているかどうか、作土層の下の地下水位がどれくらいの高さなのかなどの条件の違いに応じた土づくりをしていく。

作付けごとに調べるもの

●土のpH→24ページ

多くの野菜は、微酸性〜弱酸性の土壌を好むが、日本の土壌は、酸性に傾いていることが多い。また、一部には、アルカリ性を示す土壌もある。そのため作付けの前には、土壌のpHを、育てる野菜に適したpHに調整する必要がある。

●土のEC→26ページ

ECとは、電気伝導度のことで、地中に肥料成分（おもに窒素）がどの程度含まれているかを知る目安となる。家庭菜園の中には、肥料を施しすぎていて、土の中の肥料濃度が高くなりすぎているところも少なくなく、作付け前に調べて施肥量を調整する。

土のタイプを調べる

まず、有機物の量と団粒構造を調べる

まずは、土のタイプを調べましょう。最初に見るのは、有機物（腐植）がどのくらい含まれているか、団粒構造ができているかどうかです。有機物を多く含む土は、真っ黒な色をしているため、まず色で判断しますが、一部にもともと黒い土もあります。そこで、土の色に加え、土の形状も確認します。砂質であれば、有機物由来の黒色ではありません。一方、有機物が多く団粒構造ができている土は、ふかふかでやわらかく、指で強くはさむと粒がつぶれるので、すぐにわかります。

有機物が多く含まれていて、さらに団粒構造ができているなら、通気性がよく、排水性と保水性、保肥力が高い優れた土です。こうした土には、不快なにおいはありません。

なお、有機物を多く含んだ真っ黒な土でも、段丘の下など水が集まる場所や、地下水位が高い場所では、過湿のため団粒構造ができていないことがあります。

こうした場所の土には独特のつやがあり、かたく締まっていて、土本来のものではない不快なにおいがすることがあります。土をやわらかくしようと耕しても土を練ってしまうことになり、状態は改善されないので、畑の周囲に溝を掘って水を逃したり、高畝にしたりすることが必要です。

次に、土性を調べる

土の色が真っ黒ではなく、黒褐色や褐色をしている場合は、有機物が多くは含まれていません。この場合は、さらに土を触って、土性（粘土を多く含むか、ほどほど含むか、まったく含んでいないか）を調べましょう（21ページ）。含まれる粘土の量によって、通気性、排水性、保水性、保肥力が変わってきます。

土のタイプの調べ方❶ [色や触感]

色や触感を調べる

土の色が黒いかどうか確認。
黒ければ、つやの有無や触感を調べる

真っ黒でつやがある

土が粒状で、指で強くはさむとつぶれる。触るとやわらかで、ざらざらしていない。上に乗ると、ふんわりした感じがする

有機物の含有量

有機物を多く含み、団粒構造ができている

このタイプの土の黒色は未熟な有機物が分解されてできた腐植に由来しており、有機物を豊富に含んでいる

土のタイプ

通気性がよく、排水性と保水性もよい。保肥力もある

「土づくりを始めよう」
29ページへ

真っ黒だがつやはない

触ると、ざらざら、ごつごつした、かたい感触がする。上に乗ると、がさっと締まる感じがする

有機物が少ない砂質土壌

黒色はもとの土の色によるもの。有機物の量は少ない。伊豆諸島や富士山、箱根の周辺など、火山周辺の玄武岩質土壌が知られる。その他、灰色の砂質土壌もある

通気性と排水性はよいが、保水性が悪く、保肥力も低い

「砂質土の利用と改善」
52ページへ

褐色や黒褐色

見た目が真っ黒でない土。白っぽかったり、淡い褐色などの場合もある

有機物の含有量が多くない

有機物が少ないため、土が黒色にならず、もとの土の色がでている

さらに詳しく調べる
「褐色や黒褐色の土の場合」
21ページへ

2 ぎゅっと握ってみる

表面の土は乾いているので取り除く。その下の作土層全体から土を採取して、混ぜ合わせてぎゅっと握ってみる。土が乾かないよう、すばやく行う。

だんごになって、指でつくと崩れる

握った手を開いても、土はかたまりのままで、指で軽くつくと崩れる

有機物と粘土の含有量

有機物は少ないが、粘土を適度に含む
もしくは **有機物は多少あるが、粘土がやや少ない**

土のタイプ

適度に通気性と排水性があり、保水性もよい。保肥力も適度にある

「土づくりを始めよう」29ページへ

ざらざらしてだんごにならない

握った手を開くと、土がかたまらず、そのまま崩れる

有機物と粘土の含有量

有機物が少なく、粘土が含まれていない

土のタイプ

通気性と排水性はよいが、保水性が悪く、保肥力も低い

「砂質土の利用と改善」52ページへ

土のタイプの調べ方❷［褐色や黒褐色の土の場合］

1 指先でこねて調べる

畑の土を手に取って、指先でこねてみる。土が乾いている場合は、水を含ませてから行う。

こより状になる

ぬるぬるして、こより状になる

有機物と粘土の含有量

有機物が少なく、粘土を多く含む

土のタイプ

保水性と保肥力は高いが、通気性と排水性が悪い

「粘質土の改善」54ページへ

こより状にならない

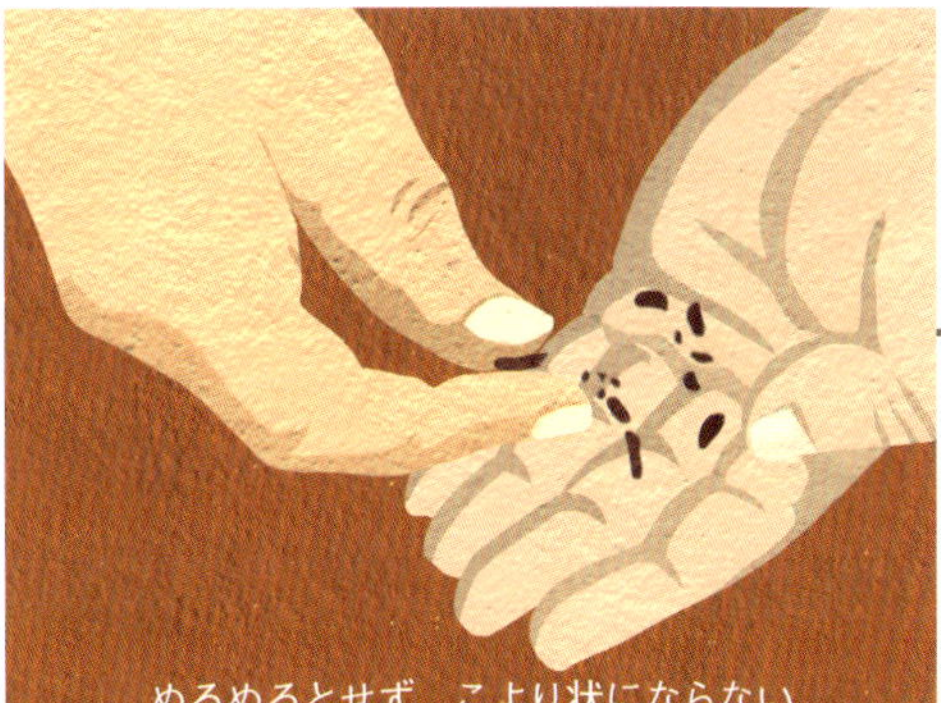

ぬるぬるとせず、こより状にならない

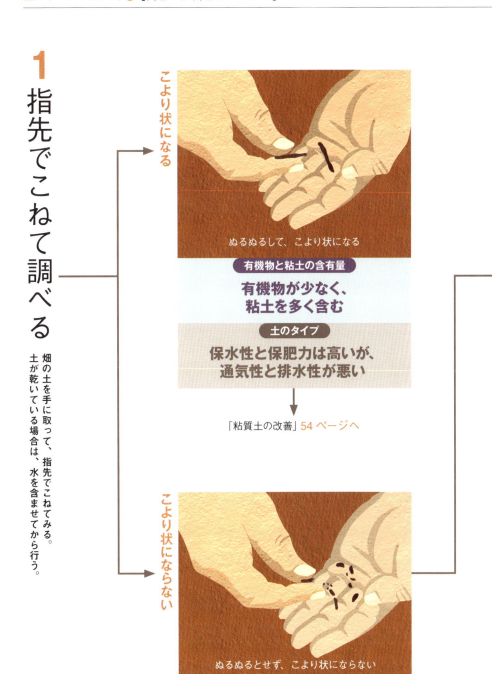

作土層の状態を調べる

1. 棒を差す

支柱などの細い棒を土に差して、作土層の深さを測る

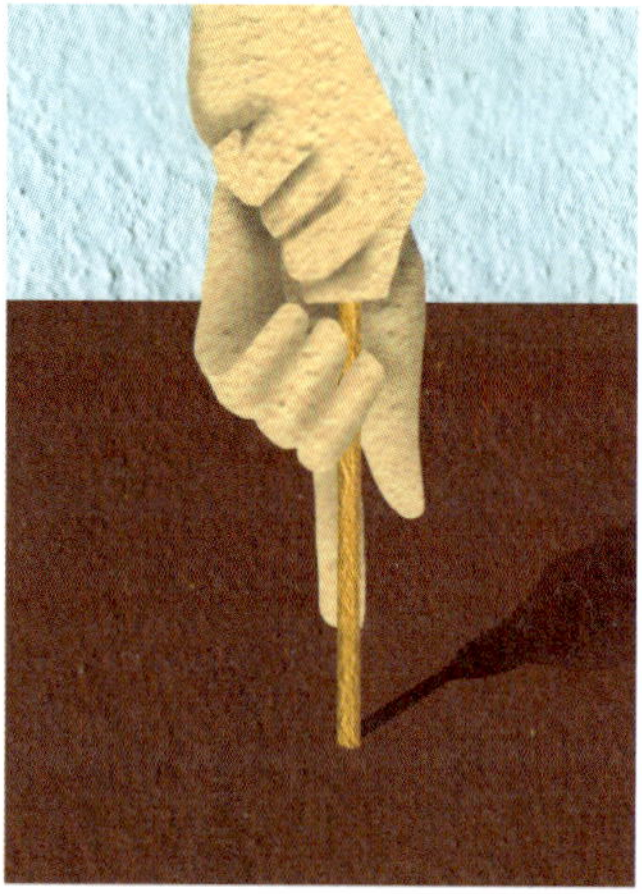

2. 掘る

作土層を掘り、土の中の状態を確認する。れきの有無、地下水位を調べる

野菜が根を張れる部分の状態を知る

土のタイプを調べたら、次は作土層の状態を調べましょう。まず、支柱などの細い棒を土に差し、どこまで入るか調べます。すっと入るのが作土層で、野菜の根が張れるのはこの部分です。これが15㎝に満たない場合、野菜づくりには向かないので、なんらかの対策が必要です。

さらに、作土層の底まで土を掘って、れきが含まれていないか、水が出てこないかも調べます。作土層が深い場合は、30㎝も掘れば十分でしょう。地下水位は季節によって変化します。地下水位が高くなる時期（梅雨時や雪解けの時期）に掘れば、正確に判断できます。作土層の深さが15㎝に満たない場合も、土を掘ることで、すき床（ふだん耕していないためにできるかたい土の層）があるのか、れき層があるのかなど、作土層が浅い原因がわかります。

作土層の状態の調べ方 ステップ❶ ［棒を差す］

棒を差す

30cmくらいの深さまで棒が入る

作土層が深い

ダイコンなど、根が深く伸びる根菜類もつくれる（長ニンジンや長ゴボウなどは除く）

20cmくらいの深さまで棒が入る

作土層がやや浅い

葉菜類、果菜類、イモ類、根の短い根菜類など、ほとんどの作物がつくれる

15cm以下の深さまでしか棒が入らない
（強く押すと棒が下に抜ける場合も含む）

作土層が浅すぎる

野菜をつくるには、作土層が浅すぎる

→「作土層が浅い場合」56ページへ

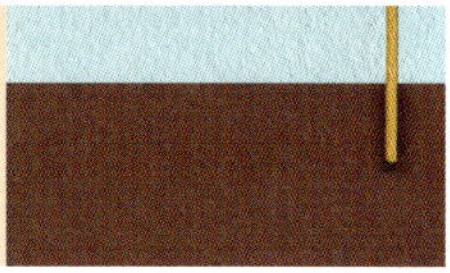

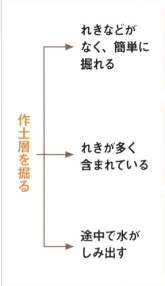

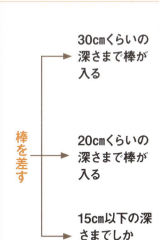

作土層の状態の調べ方 ステップ❷ ［掘る］

作土層を掘る

れきなどがなく、簡単に掘れる

良好な作土層

作土層の状態は良好。とくに問題はない

れきが多く含まれている

土の量が少ない

れきの分だけ、土の量が少なく、保水性と保肥力が劣るため、野菜づくりがしにくい

→「れきが多い場合」59ページへ

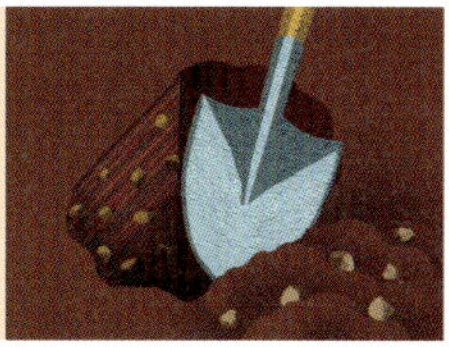

途中で水がしみ出す

地下水位が高い

地下水位が高く、サトイモのように湿った環境を好む野菜以外はつくりにくい

→「地下水位が高い場合」58ページへ

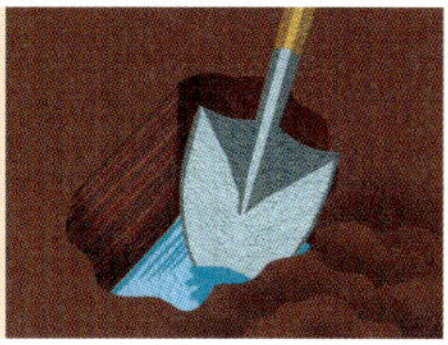

土のpHを調べる

土に差すだけで、pH を測ることができるデジタル土壌酸度計

測定キットや測定器で測る

日本では酸性土壌が多いのですが、畑によってその度合いはさまざまです。なかには、石灰資材を入れすぎたため、アルカリ性に傾いている畑もあります。また、ジャガイモなどのように、酸性を好む野菜もあります（46ページ）。

さらに、pHは作物をつくるごとに変わります。同じ畑であっても、野菜の作付け前と収穫後では、pHは異なるのです。作付けごとにpHを測り、必要に応じて土の酸性を改良しましょう（44ページ）。

pHを測るには、土を蒸留水に溶いて測定液を加え、色の変化で測定するキットや、土に差すだけで測れる測定器などがあります。いずれもホームセンターなどで入手可能です。通販などでpH試験紙を入手すれば、低価格で何度も使うことができます。

生えている雑草で酸性土壌かを推測

畑に生えている雑草からも、土が強い酸性かどうか、さらに、土が乾きぎみなのか、湿りぎみなのか、ある程度判断することができます。このとき、たいせつなのは、畑の中で多数を占めている雑草を見ることです。

また、今まで育ててきた野菜のできからも、土が酸性かどうか推測できます。土の乾燥や肥料過多といった明確な原因がないのに、タマネギ、ホウレンソウ、コマツナ、ニンジンなどの発芽が悪かったり、発芽後に葉が黄色くなったりした場合は、酸性土壌の可能性があります。

強い酸性土壌でも育つ雑草

オオバコ
かたく締まった土でも、よく育つ

カヤツリグサ
湿りけの多い粘質土でも、育つ

スベリヒユ
乾燥ぎみの場所でも、よく育つ

ゼニゴケ
湿りけの多い、かたく締まった場所に生える

スギナ
乾燥ぎみの場所でも、よく育つ

ハコベ
一般に湿りけのある場所を好む

土のEC（電気伝導度）を調べる

容器に蒸留水と土を入れてかき混ぜ、土が沈殿したら、測定器を上澄み液に浸す。EC測定器の表示単位は、mS（ミリジーメンス）／㎝とμS（マイクロジーメンス）／㎝のどちらかであることが多い（写真の測定器の表示単位はμS／㎝）。1mS／㎝＝1000μS／㎝

EC測定器で測る

ECとは、電気伝導度のことで、土の中の塩類濃度（肥料濃度）の目安になります。おもに窒素肥料が関係し、この塩類濃度が高くなると、野菜に塩をかけたのと同じような状態になります。その結果、根が養水分を吸収できず、ひどい場合には根の水分が奪われ、野菜が枯れてしまうこともあります。これが肥焼けです。

家庭菜園の場合、土の中に肥料分が大量に残っていることも少なくありません。肥料過多を防ぐため、作付けの前には、このECを測り、その数値によって、元肥の量を調整することをおすすめします（76ページ）。

とくに前の利用者がどのような施肥管理を行っていたのかわからない市民農園などでは、ぜひ調べておきたいものです。

畑を始める前のチェックポイント①

畑がある場所の地形を確認する

畑を始める前には、16～26ページで紹介した以外にも、地形や日当たりなど、確認しておきたいことがあります。あわせてチェックしておきましょう。

周囲より低い位置にある畑には、水が集まりやすいため、なんらかの対策が必要

□水が集まる地形かどうか

畑の周囲を見渡して、くぼ地になっていないか、崖や斜面の下でないかを確認します。

こうした場所は、水が集まりやすく、過湿になりがちです。高畝にしたり（58ページ）、水を逃すための溝を掘ったりすることが必要です。

また、畑が斜面になっている場合は、畑が水の通り道になることがあります。畑の周囲に水を逃すための溝を掘りましょう。溝を裸地のままにすると土が流れ出てしまうので、溝の底には石を敷き詰め、壁面には草を生やします。

さらに、畑の途中に杭を打ち、斜面に垂直に横板を渡して、段々畑にするとよいでしょう。家庭菜園の広さなら、さほど大変な作業ではありません。

日当たりの状態・雑草の有無などを確認する

□日陰にならないか

周囲に建物や木があるなら、野菜をつくる時期に畑が日陰にならないか調べましょう。日陰になる場合は、果菜類はうまくできません。

一方、日陰の状態にもよりますが、草丈の低い葉菜類や根菜類なら、栽培することができます。

□雑草が生えているか

雑草が生えている場所は、畑には向かないと思われるかもしれません。

しかし、雑草も生えないような場所は、土が締まっている、乾燥する、水が集まるなど、なんらかの問題を抱えています。

土のタイプや作土層の状態など（18～23ページ）を詳しく調べ、野菜が育てられるよう改善していきましょう。

雑草が生えているかどうかで、その場所が植物の生育に向いているか知ることができる。また、雑草の種類により、土が強い酸性かどうかわかる場合もある（25ページ）

□ごみが土に混じっていないか

土の中に、ごみが混じっていないかも確認します。造成地の庭などでは、ガラス片やコンクリートのかたまり、金属片などが出てくることがよくあります。

また、畑として使ってきた場所では、誘引に使ったビニールのひもや、マルチフィルムなどの切れ端が土に混ざっていることがあります。

こうしたごみが、耕うん機の刃に当たったり、絡まったりするとたいへん危険です。これらのごみは、ていねいに取り除きましょう。

基本の土づくり

土づくりを始めよう

土づくりの手順

堆肥の投入（↓30ページ）
←　1週間
石灰資材の投入（↓44ページ）
←　1週間
元肥を施す（↓72ページ）
←　1週間程度（化学肥料）
2〜3週間程度（有機質肥料）
作付け

堆肥と石灰資材は同時に施さない

土を調べたら、結果に合わせて、作付け前に土づくりをしましょう。ここで紹介するのは、特別な対応や改善策を必要としない畑での「基本の土づくり」です（作土層が浅いなど、問題がある畑の場合は、51〜59ページ）。

土づくりでは、まず堆肥を投入し、さらに土のpHに合わせ、必要に応じて石灰資材を施用します。

堆肥と石灰資材を同時に施すと、堆肥に含まれる窒素がアンモニアガスとなって逃げてしまうので、石灰資材は、堆肥を施してから1週間ほど間隔をあけて施用します。窒素をあまり含まない植物性堆肥でも同様です。同じ理由から、元肥と石灰資材も同時には施しません。

作付けから逆算し、堆肥は最低でも3週間前、石灰資材は2週間前に投入します。その1週間後に元肥を施し、元肥を施してから作付けまでも、化学肥料なら1週間程度、有機質肥料なら2〜3週間程度の時間が必要です。

堆肥を土に投入する

［実施時期］**作付けの3週間以上前**

堆肥の種類

土づくりの第一歩が堆肥の投入です。

堆肥には、木の葉などを主原料とした植物性堆肥と、家畜ふんなどを主原料にした動物性堆肥とがあり、それぞれに特徴があります。

土づくりには、基本的には土をふかふかにする効果が高い植物性堆肥、もしくは馬ふん堆肥、牛ふん堆肥を使うのがおすすめです。それぞれの堆肥の特徴と使い方については、34ページからの「地力アップに役立つ堆肥ガイド」をご覧ください。

堆肥を施す時期と方法

堆肥は、作付けごとに施用するのが基本ですが、「有機物を多く含み、団粒構造ができている」土（19ページ）なら、1年に1回でよいでしょう。

また、ダイコンやイモ類は、直前に堆肥を入れると、野菜の肌が荒れたり、生育に支障が出たりするので、前作で入れておけば十分です。

作業するのは、作付けの3週間以上前です。ただし、畑が空いているなら、早く行ったほうがよいでしょう。土をふかふかにする効果が高い堆肥を土に入れると、隙間がたくさんできて、一時的に土が乾きやすくなります。しかし、ある程度時間がたてば、堆肥が土になじみ、乾燥の心配がなくなります。また、堆肥が未熟な場合でも、作付けまでに1か月以上あれば、土の中で腐熟するので安心です。

作業は、土が適度に乾いているときに行います。雨のすぐ後などで畑がぬれているときに土を耕すと、土を練ってかためてしまいます。また、極端に乾いているときも、土を粉々にしてしまうので避けましょう。具体的な堆肥の投入方法については、左の図をご覧ください。

堆肥施用量の目安（1㎡当たり）

堆肥名	1回の施用量の上限
馬ふん堆肥	1.0 ～ 2.0kg
牛ふん堆肥（おもにふん主体）	1.0 ～ 2.0kg
豚ぷん堆肥（おもにふん主体）	0.5 ～ 1.0kg
発酵鶏ふん	0.3 ～ 0.5kg
バーク堆肥	2.0 ～ 3.0kg
腐葉土	2.0 ～ 3.0kg

ワンポイント

少しの堆肥で効果を得る方法

畑全面に施すほどの多量の堆肥がなかったり、作業が大変な場合、畝の下に溝を掘って施し、周辺の土と混ぜ合わせると、根が張る部分の土が改良される。毎年、畝の位置をずらしていけば、やがて畑全体が改良できる。

堆肥の投入方法

1 均等にまく

土の表面に、堆肥を均等にまく。施用する量は、堆肥の種類によって異なる（上表）

2 土となじませる

堆肥をまいたら、深さ 20 ～ 30㎝を目安に十分に耕して、土と堆肥をなじませる

堆肥は均等にまく
堆肥は土とよくなじませる

堆肥にはこんな効果がある

①土をふかふかにする

堆肥を土に入れると、そのぶん土が軽くなり、土の中に隙間ができます。さらに堆肥に含まれる繊維分自体にも隙間があります。その結果、土がふかふかになり、通気性、保水性、排水性がよくなります。また、有機物が分解されると腐植ができ、これが土の粒子をくっつけて、土の団粒化が進みます。土が団粒化すると、土の粒の間にも隙間ができるため、さらに通気性、保水性、排水性がよくなります。

②土の保肥力を高める

植物性の堆肥に含まれる繊維分には、肥料分を吸着する力があります。また、堆肥の有機物が分解されてできる腐植には、肥料分を吸着する働きがあります。そのため、堆肥を入れ続けると、土の保肥力が上がります。

③土の中の生物の種類と量を増やす

堆肥の有機物が土の中の生物の餌となるだけでなく、堆肥自体にも微生物がついているため、土壌微生物や土壌動物の種類と量が増加します。また、おたがいが影響し合うことで、特定の微生物や生物が異常繁殖することが減り、病害虫の被害が出にくくなります。

④微量要素と三要素を供給する

堆肥には、植物の生育に不可欠な微量要素と三要素(66ページ)も含まれています。ただし、含まれる三要素は、基本的に化学肥料ほど多くありません。

ちなみに、堆肥と肥料とは、その役割が異なっています。堆肥の役割は、土を植物の生育に適した状態に改善することで、間接的に植物の生育を助けます。一方肥料は、植物に吸収され、生育に直接影響します。

堆肥の効果

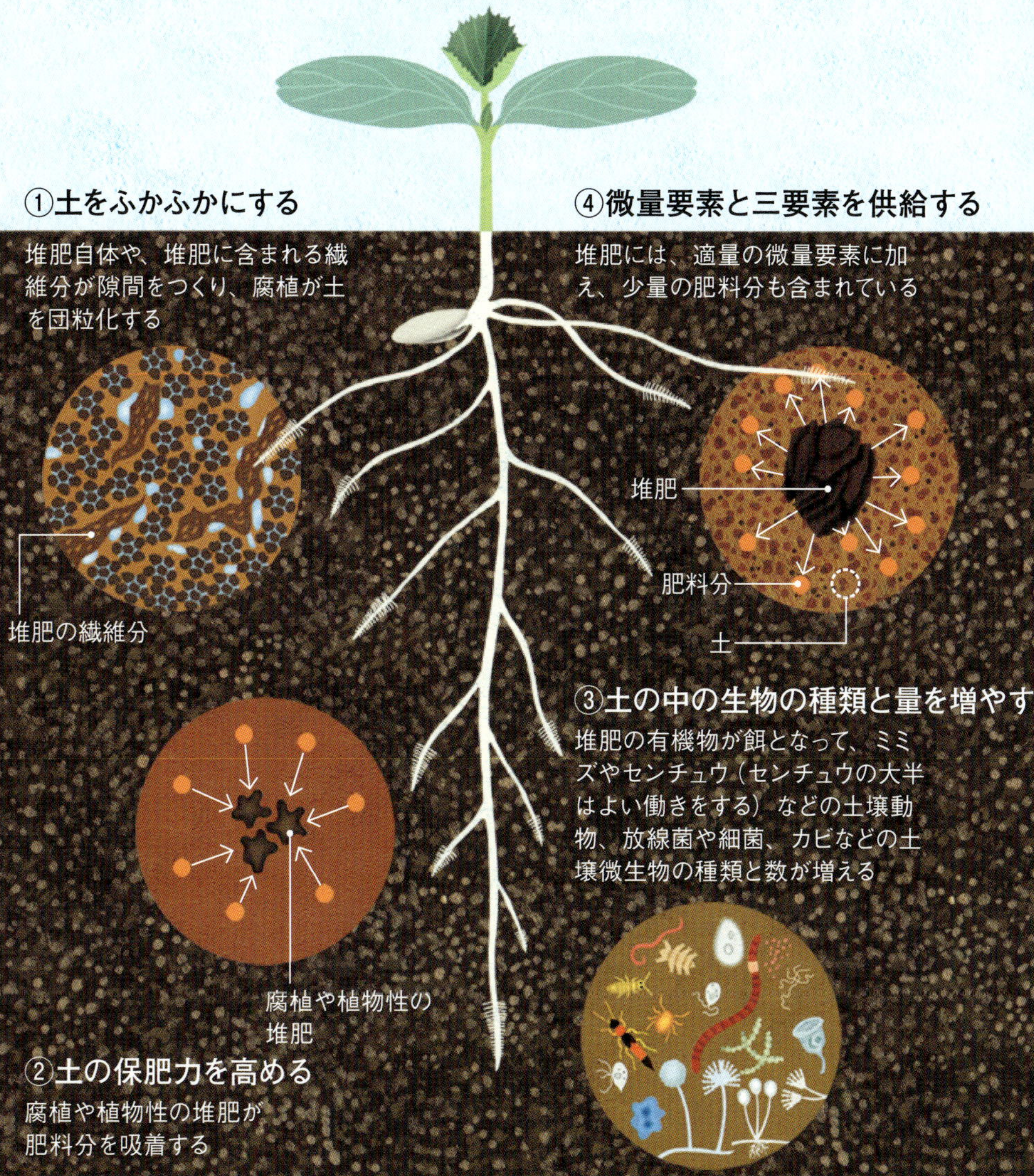

①土をふかふかにする

堆肥自体や、堆肥に含まれる繊維分が隙間をつくり、腐植が土を団粒化する

②土の保肥力を高める

腐植や植物性の堆肥が肥料分を吸着する

③土の中の生物の種類と量を増やす

堆肥の有機物が餌となって、ミミズやセンチュウ（センチュウの大半はよい働きをする）などの土壌動物、放線菌や細菌、カビなどの土壌微生物の種類と数が増える

④微量要素と三要素を供給する

堆肥には、適量の微量要素に加え、少量の肥料分も含まれている

牛ふん堆肥

肥料分	少	多
ふかふか効果	小	大
保肥力アップ	小	大

土壌改良に威力を発揮する

特徴

牛ふんを堆積、発酵させたものです。飼料の残渣《ざんさ》や敷きわらなども多少含まれます。水分調整のために、おがくずや稲わらなどの副資材を混ぜたものもあります。

牛は、乾草やわらなどの粗飼料を中心に食べているので、肥料成分は豚ぷん堆肥に比べると少なめですが、繊維分を多く含み、土をふかふかにする効果に優れます。

含まれている繊維分はゆっくり分解されるので、効果が長続きします。なお、副資材の割合が多いものは、肥料効果はほとんどありませんが、土をふかふかにする効果が期待できます。

使い方と注意点

どのような畑や野菜にも使えます。家畜ふん堆肥のなかでは、肥料成分が比較的少なく、大量に投入できるため、土がかたく締まった場所や、砂質土、粘質土などの土壌改良に威力を発揮します。

副資材は腐りにくく、未熟な状態だと、分解の過程で土壌中の窒素を奪いかねません。副資材の形が残っている場合、作付け1か月ぐらい前に施し、土の中で十分に腐熟させます。

馬ふん堆肥

肥料分	少	多
ふかふか効果	小	大
保肥力アップ	小	大

繊維分が多く扱いやすい

特徴

馬ふんと、厩舎に敷く敷料の稲わらや籾殻をいっしょに堆肥化したものです。性質は牛ふん堆肥に近いのですが、繊維分をより多く含み、肥料成分はやや少なめです。

馬の餌は、粗飼料が中心ですが、そしゃくが粗いため、繊維分の一部は分解しきらない状態で排せつされます。さらに敷料も入っているため、繊維分を多く含んでいます。

土の中に入れると、繊維分によって隙間がたくさんできて、ふかふかの土になり、通気性や保水性、排水性が改善されます。

さらに、分解がゆっくりなため、効果が長もちします。窒素はあまり含みませんが、繊維分の多くは、馬の体内で分解されているので、施したあと、周囲の窒素を奪うことがほとんどありません。

含まれる水分も少なく、扱いやすい、優秀な堆肥です。

使い方と注意点

繊維分を多く含み、肥料分も多少あるので、どんな畑や野菜にも使えます。とくに威力を発揮するのが、土がかたく締まった場所や、粘質土、砂質土などの土壌改良です。

豚ぷん堆肥

肥料分	少		多
ふかふか効果	小		大
保肥力アップ	小		大

多めの肥料分と多少のふかふか効果

特徴

豚ぷんを堆積、発酵させたものです。ふん主体のものもありますが、水分量を調整し、においを吸着する効果があるおがくずなどの副資材を混ぜたものが多いようです。

製造方法によっても変わりますが、豚は穀類などの濃厚飼料と粗飼料で育てられるため、一般に肥料分は、牛ふん堆肥よりも多く、発酵鶏ふんよりも少なめです。また、土をふかふかにする効果は、牛ふん堆肥よりも低く、発酵鶏ふんよりは高いというように、両者の中間的な存在です。

使い方と注意点

ふん主体のものは、窒素やリン酸を多く含みます。その反面、繊維分が少なく、土をふかふかにする効果は低いので、有機物を入れ続け、ある程度土ができている畑に向きます。肥料過多を防ぐため、施用量に気をつけ、元肥の量も調整しましょう。

おがくずなどの副資材が大量に入っているものは、肥料効果は低いですが、土をふかふかにする効果が期待できます。なお、副資材が未熟な場合は、1か月程度土の中で腐熟させてから作付けます。

発酵鶏ふん

肥料分	少	多
ふかふか効果	小	大
保肥力アップ	小	大

化成肥料並みの高い肥料効果

特徴

鶏ふんを堆積、発酵させたものです。鶏は濃厚飼料で育てられているため、肥料成分が多い反面、繊維分はほとんど含まれません。肥料分は、窒素、リン酸、カリの三要素ともに多く、窒素は分解しやすい形態なので、化成肥料並みの肥料効果があります。

一般に流通する発酵鶏ふんの多くは、採卵用の鶏のふんに由来します。飼料に多量のカルシウムが混ぜられているため、石灰（カルシウム）の含有量が多いことが特徴です。

有機物なので、多少の土壌改良効果はありますが、おもに肥料を供給する資材と考えるとよいでしょう。

使い方と注意点

土をふかふかにする効果は低いので、すでに土ができている畑に向いています。

肥料効果が高いので、施しすぎにじゅうぶん注意し、元肥の量にも注意しましょう。

腐熟が不十分だと、野菜の生育に影響が出ます。アンモニア臭がするものは、投入後2～3週間ほど土中で分解させてから作付けます。悪臭がしなければ、投入後1週間ほどで作付け可能です。

バーク堆肥

肥料分	少	■■	多
ふかふか効果	小	■■	大
保肥力アップ	小	■■	大

ふかふか効果が長く持続する

特徴

　広葉樹や針葉樹の樹皮に鶏ふんや尿素などを加えて、長期間、堆積、発酵させたものです。土がふかふかになり、通気性や保水性、排水性が改善されます。ゆっくり分解されるので、効果も長もちします。バーク堆肥自体には、肥料分はあまり含まれませんが、肥料分を保持する力があるので、土の保肥力が高まります。

使い方と注意点

　どんな野菜や畑にも使えますが、土がかたく締まった場所や、粘質土、砂質土などの土壌改良に威力を発揮します。

　原料の樹種や発酵のさせ方などにより、品質が著しく異なります。業界団体が品質基準を決めているので、この規格に合うものを選びましょう。

バーク堆肥の品質基準

有機物含有量	70%以上
窒素全量（乾物）	1.2%以上
リン酸全量（乾物）	0.5%以上
カリ全量（乾物）	0.3%以上
C/N 比（炭素率）	35 以下
pH	5.5 ～ 8.0
陽イオン交換容量（CEC）（乾物）	70meq/100g 以上
水分	55 ～ 65%
幼植物テスト	異常なし

＊日本バーク堆肥協会

腐葉土

肥料分	少	■■	多
ふかふか効果	小	■■	大
保肥力アップ	小	■■	大

土をふかふかにする効果が抜群

特徴

本来は、ケヤキやコナラなどの広葉樹の落ち葉を、土を間に挟んで積み重ね、水を加えて長期間発酵させたものです。市販されているものには、少量の米ぬかや油かすなどを加えて、腐熟までの時間を短縮したもの（いわゆる落ち葉堆肥）もあります。

製品によってばらつきがありますが、肥料分はあまり含まれていません。その代わり繊維分が多く、保水性、排水性に優れ、保肥力もあるので、土をふかふかにする効果に優れています。

使い方と注意点

どんな野菜や畑にも使えます。土がかたく締まった場所や、粘質土、砂質土などの土質の改善に向いています。名前のとおり、腐葉土は本来、用土の一種です。鉢栽培用の培養土をつくるときに、3〜4割も混ぜるので、腐熟したものなら、畑に大量に投入しても問題ありません。毎年、2〜3kg／㎡ほど投入していくとよいでしょう。

葉が黒く変色し、形が崩れているもの、乾きすぎず、わずかに湿りけがあるものがよい腐葉土です。

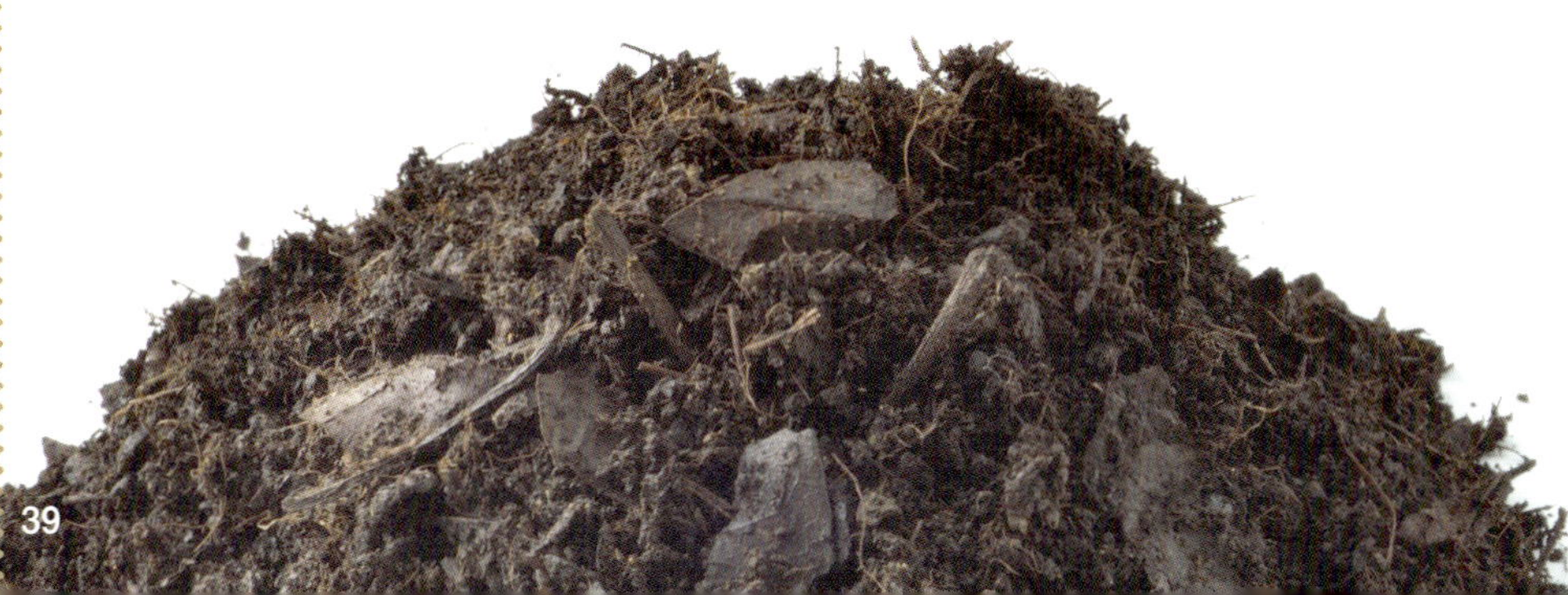

堆肥の品質表示を見る

堆肥は種類が多いうえに、同じ種類のものであっても、原料の違いや副資材の有無、その量、さらには製造方法によっても、性質が大きく異なります。

そのため、どう選べばよいのか難しいのですが、そんなときに役立つのが、法律によって義務づけられている品質表示です。

この表示を見ることで、どんな性質の堆肥なのかがわかります。なお、腐葉土は、法律上は堆肥に当たらないので、この表示義務はありません。

肥料取締法に基づく表示の例

肥料の名称	牛ふん堆肥1号
肥料の種類	堆肥
届出をした都道府県	東京都　第○○○○号
表示者の氏名又は名称及び住所	
	やさい畑株式会社
	東京都新宿区市谷船河原町○○
正味重量	20キログラム
生産した年月	平成28年7月
原料	牛ふん、わら類、樹皮
備考：生産に当たって使用された重量の多い順である。	
主な成分の含有量（乾物当たり）	
窒素全量	1.7%
リン酸全量	1.6%
カリ全量	1.7%
炭素窒素比（C/N比）	24
水分含有量	65%

原料名が、使用した重量の多い順に書かれているので、なにが主体の堆肥かがわかる。

ここを見れば、窒素、リン酸、カリの三要素がどのくらい含まれているかがわかる。「乾物当たり」の表示がある場合、窒素全量が3%で水分含有量が50%なら、この堆肥100g中には1.5gの窒素が含まれていることになる。同じ窒素全量3%でも「現物当たり」と書かれているなら、100g中に含まれる窒素は3g。

C/N比とは、窒素（N）にたいして、どのくらい炭素（C）が含まれているかをあらわすもの。発酵済みの堆肥で、この数字が20以上なら繊維分が多く、土をふかふかにする効果が高いと考えられる。10以下なら窒素を多く含み、肥料効果が高い。

※CEC（陽イオン交換容量）の表示がある場合は、これも参考に。CECとは、肥料を引きつける力のことで、この数値が50～60meq／100g以上なら、保肥力アップに効果がある。

基本の土づくり

効果を高める堆肥ローテーション

ローテーションの例

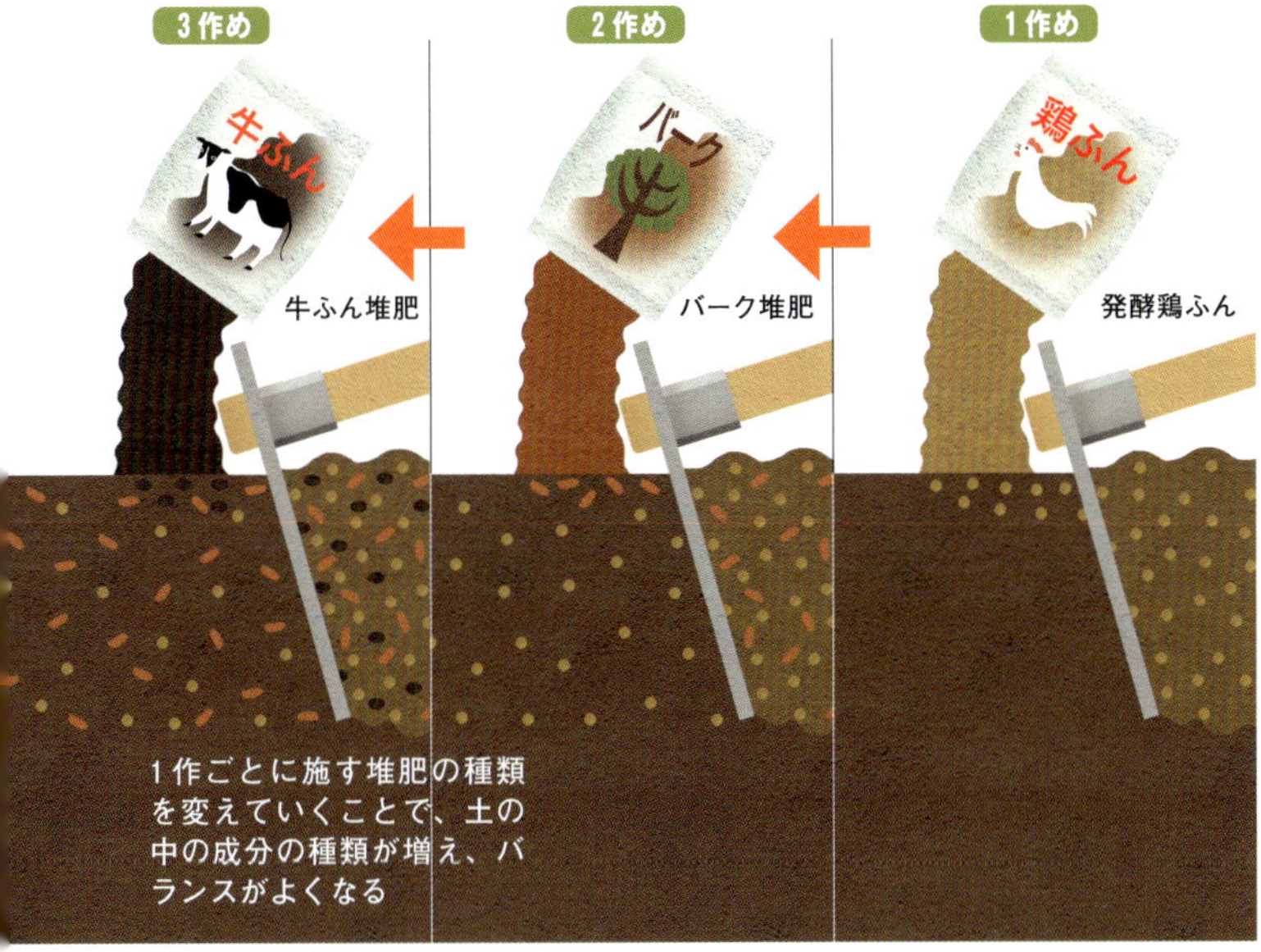
3作め
2作め
1作め
牛ふん
バーク
鶏ふん
牛ふん堆肥
バーク堆肥
発酵鶏ふん
1作ごとに施す堆肥の種類を変えていくことで、土の中の成分の種類が増え、バランスがよくなる

交互に施せば簡単で効果も高い

ひとくちに堆肥といっても、化成肥料並みの肥料効果がある発酵鶏ふんから、肥料効果は低いものの土をふかふかにする効果が高いバーク堆肥まで、種類はさまざまです。しかも製品ごとの成分のばらつきも大きく、どんなときにどの堆肥を使えばよいのか、なかなか判断がつきません。

そんなときにおすすめなのが、さまざまな堆肥を交互に施す方法です。

堆肥の種類が違えば、肥料効果や土をふかふかにする効果の大小だけでなく、含まれる成分や、集まってくる微生物の種類も異なります。春の作付け前に発酵鶏ふんを施したら、秋の作付け前にはバーク堆肥、さらに翌年の春には牛ふん堆肥というように、違う堆肥を施していけば、それぞれの堆肥の効果が積み重なり、高い相乗効果が得られます。

自家製堆肥のつくり方

落ち葉を利用する

堆肥は、JAやホームセンターなどで購入して使うことが多いですが、落ち葉を使ったものなら、自分で簡単につくれます。家庭菜園で使う量なら、80㎝四方程度のスペースがあればまかなえます。挑戦してみてください。

ところで、ひと言で落ち葉と言っても、樹種によって、性質に違いがあります。マツなどの針葉樹や、殺菌成分を含んでいるイチョウやカキ、サクラなどの葉は、分解に時間がかかるため、短時間での堆肥づくりには向きません。一方、雑木林で見かけるクヌギやコナラ、街路樹にも使われるケヤキやプラタナス、マロニエなどの葉は、入手が容易で、分解までの時間も短いため、夏場なら3か月程度、冬場なら6～7か月程度で堆肥化します。

板などで、縦80㎝×横80㎝×高さ80㎝程度の枠をつくったら、落ち葉を入れて軽く踏み固め、10㎝程度の落ち葉の層をつくります。その後、過湿にならない程度に水をかけて、油かすなどの窒素肥料をまき、ふたたび落ち葉を重ねます。これを繰り返し、枠の内側が落ち葉でいっぱいになったら、雨水が入らないよう、ビニールシートなどで覆います。

落ち葉は、時間とともに分解されていきます。ただし、重ねられた位置によって分解の進み方に違いがあるので、夏場なら1か月に1回程度、切り返しをして、落ち葉を混ぜます。3回程度切り替えし、発酵熱が出なくなったら、分解が終了した証拠なので、堆肥として畑に施すことができます。

完熟した堆肥

分解が進み、落ち葉の形が崩れ、黒くなっている

未熟な堆肥

落ち葉の形が残っている。このまま施すと、生育障害などの原因になる

落ち葉堆肥のつくり方

1 落ち葉を踏みかため水をかける

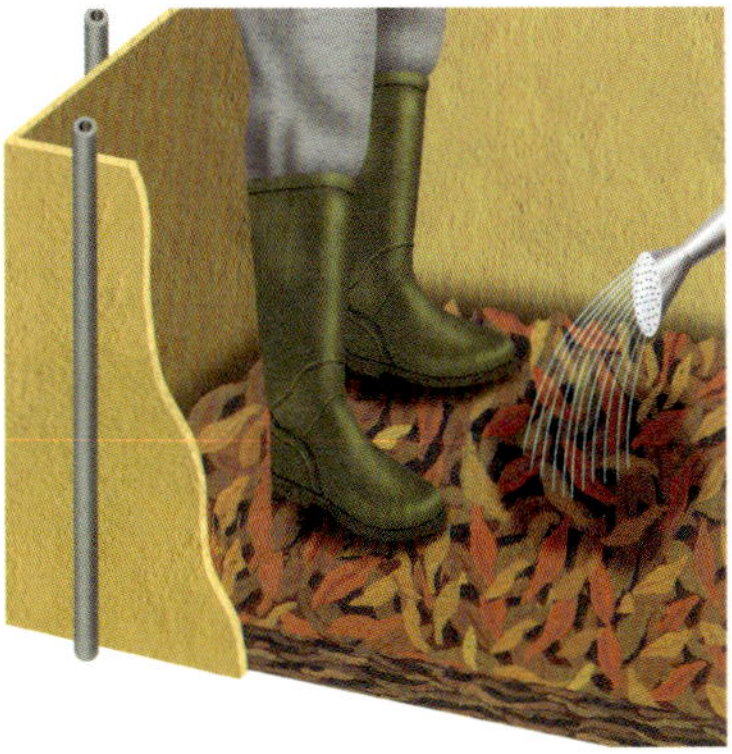

落ち葉を敷き詰めたら、10cm程度の層になるよう、軽く踏みかためる。かためすぎると、空気が入らず発酵が進まない。緩すぎると、落ち葉量が少なく、乾燥もしやすいため発酵が持続しない。発酵を促進させるため、過湿にならない程度に水をかける。

2 窒素肥料をまく

油かすなどの窒素肥料を、落ち葉の表面に薄くまく（油かすの重量の目安は、落ち葉の重さの1％以内）。肥料分が流れたり、低い場所に偏ったりしないように、水をかけたあとに肥料をまくとよい。

3 落ち葉を重ねる

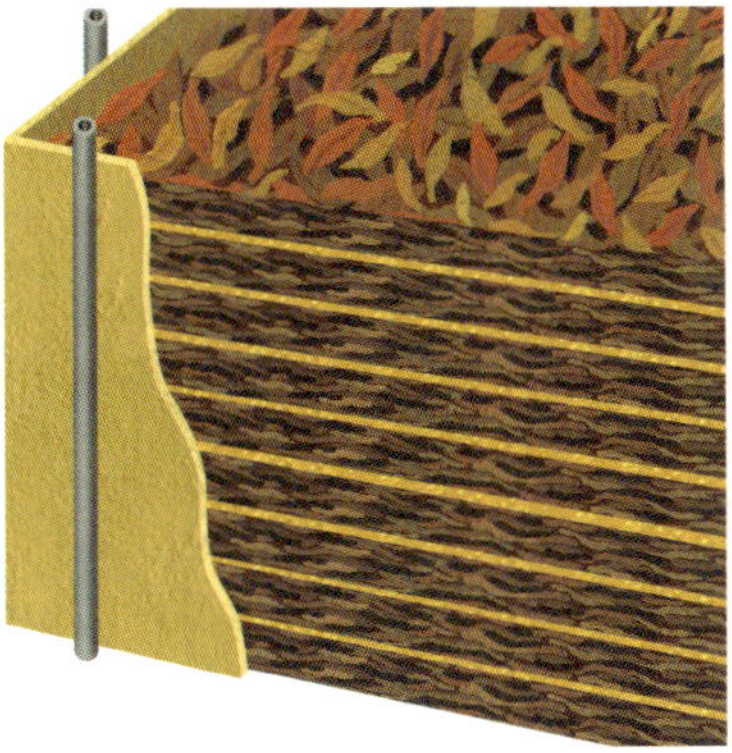

2の上に、ふたたび落ち葉を敷き詰め、1と2を繰り返す。枠の上部まで落ち葉でいっぱいになったら、ビニールシートなどで、雨水が入らないように覆いをする。分解が進むと、発酵熱で70℃程度まで、温度が上昇する。

4 切り返す

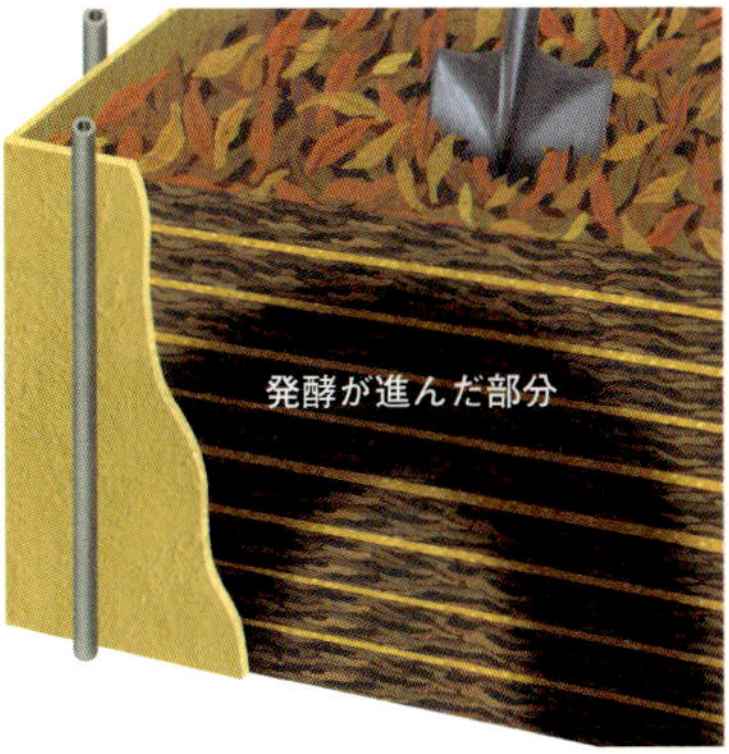

枠の中心部と下部は空気が足りず、外縁部は乾燥と放熱により発酵が進まない。そのため、夏場なら1か月に1回程度を目安に、切り返しをして落ち葉をかき混ぜる。3回程度切り返し、分解が進んで落ち葉の形が崩れ黒くなり、不快なにおいがせず、適度に湿っている状態になれば完成。

石灰資材を投入する

［実施時期］**作付けの2週間以上前**

苦土石灰がおすすめ

多くの野菜は、強い酸性土壌では生育が悪くなりますが、なかにはアルカリ性に傾くと、そうか病や粉状そうか病が出やすくなるジャガイモのような野菜もあります。生育に適したpHは、野菜ごとに異なるので（46ページ）、やみくもに石灰資材を入れるのではなく、畑のpHを測定し、必要に応じてpH調整をするようにしましょう。

石灰資材にはいくつもの種類がありますが（47〜50ページ）、使いやすいのは苦土石灰です。比較的ゆっくり効果が現れるので、障害が起きにくいうえに、確実な効果が得られます。また、野菜の生長に欠かせない苦土（マグネシウム）の補給にもなります。

堆肥を施した1週間以上後に投入する

石灰資材と堆肥を同時に施すと、化学反応によって堆肥に含まれる窒素がアンモニアガスとなって逃げてしまいます。そのため、1週間以上間をあけて施用するようにしましょう。

どの程度の石灰を施せばよいかは、土の種類によっても変わってきます。「有機物を多く含み、団粒構造ができている」（19ページ）場合、pHを１・０上げるには、苦土石灰１００ｇ／㎡が目安です。また、一度に入れてよい量は２００〜３００ｇ／㎡程度までです。

石灰資材は、土と混ざることでpH調整の効果が得られます。空気や水に触れるとセメントのようにかたまってしまうので、施したらすぐによく耕して、土になじませましょう。なお、石灰のかたまりは、肥焼けの原因にもなるので、この面からもよく耕すことが重要です。

石灰資材が土となじみ、pH調整の効果が現れるまでには、1週間から10日程度が必要です。作付けはそれ以降に行います。

石灰資材の施用量の目安（1㎡当たり）

石灰資材名	pH を 1.0 上げるのに必要な量	1 回の施用量の上限
苦土石灰	100g	200 ～ 300g
消石灰	90g	180 ～ 270g
貝化石	120 ～ 150g	240 ～ 360g
カキ殻石灰	130g	240 ～ 360g

＊有機物を多く含み、団粒構造ができている土の場合

石灰資材の投入方法

1 均等にまく

畑全体に、均等にまく。量に注意し、施しすぎないようにする（上表）

2 土となじませる

石灰資材をまいたら、すぐに深さ 20 ～ 30㎝を目安に十分に耕して、土となじませる。まいたままで放置すると、石灰がかたまって土となじまなくなり、十分な効果が得られない

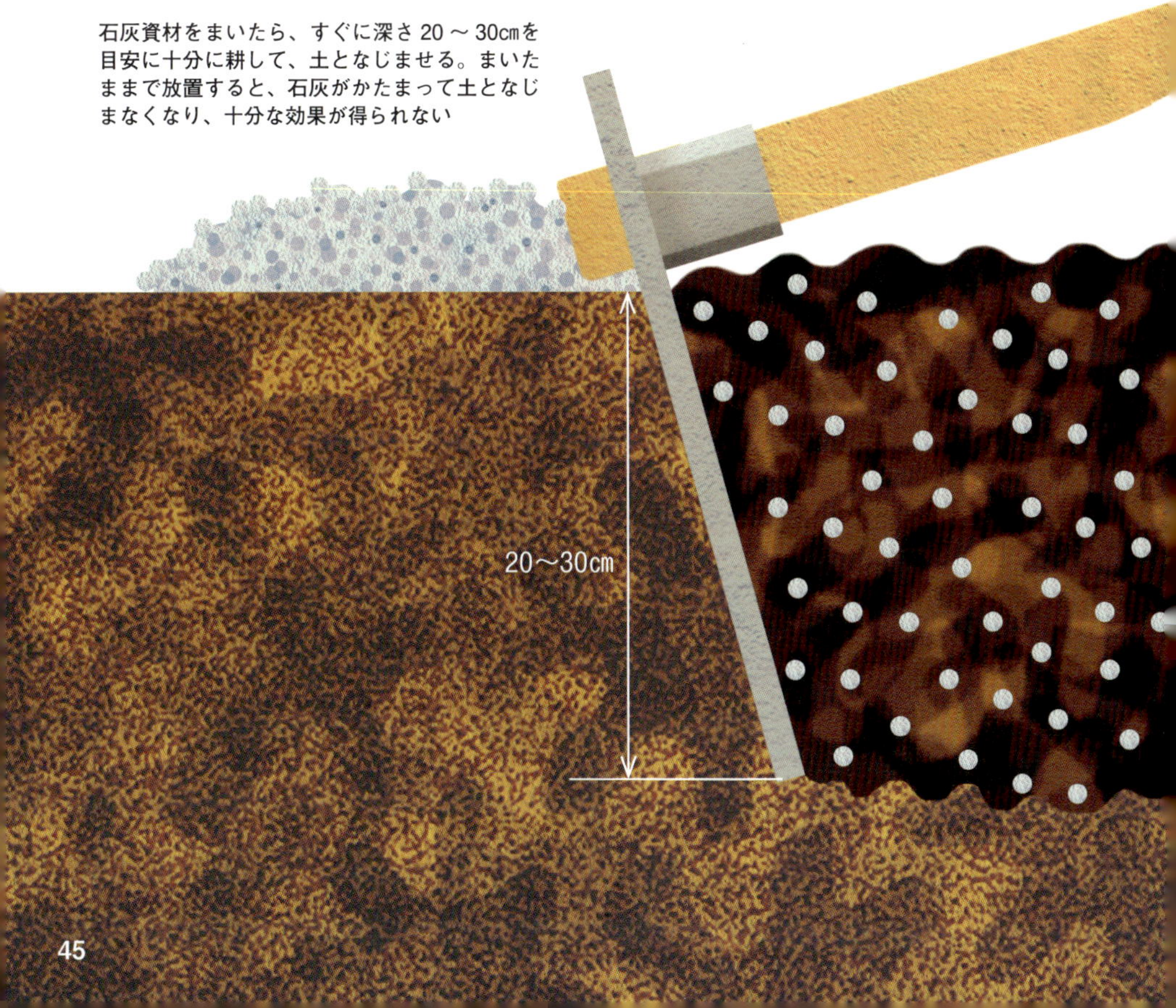

主な野菜の好適 pH

野菜の種類	pH 領域	5.5	6.0	6.5	7.0	7.5	8.0
ジャガイモ ショウガ サツマイモ ニンニク	**5.5 ～ 6.0** **弱酸性領域**						
イチゴ キャベツ コマツナ カブ ダイコン タマネギ ニンジン	**5.5 ～ 6.5** **微～弱酸性領域**						
トマト ナス ピーマン キュウリ スイカ カボチャ トウモロコシ インゲン エダマメ ラッカセイ ソラマメ サトイモ アスパラガス ハクサイ ブロッコリー ネギ	**6.0 ～ 6.5** **微酸性領域**						
エンドウ ホウレンソウ	**6.5 ～ 7.5** **微酸性～中性領域**						

※農業技術体系土壌肥料編 より

苦土石灰

アルカリ分	53% 以上		
効き方	遅		速
持続性	短		長

効き目が穏やかで扱いやすい

特徴

石灰（カルシウム）と苦土（マグネシウム）を含む、天然のドロマイト原石を粉砕したものです。粉状のものと、粒状のものがあります。

石灰と苦土はバランスがたいせつで、石灰ばかりが多いと、野菜が苦土を吸収できず、葉脈の間が黄色くなるなどの欠乏症が出ます。その点、苦土石灰なら両者をバランスよく同時に施せます。

空気や水に触れても変化せず、土壌中の酸や根が分泌する有機酸により徐々に溶けるので、肥焼けの心配もあまりありません。粒状のものは、粉状のものに比べ、溶け出すのがゆっくりです。

使い方と注意点

どのような場所でも、初心者でも安心して使えます。ゆっくり溶け出すので、作付けの10日ほど前に施しましょう。

消石灰などと比べると、反応が穏やかなので、窒素を多く含む堆肥や窒素肥料と混ぜることも可能ですが、土にすぐすき込まないと、せっかくの窒素分がアンモニアガスになって逃げてしまいます。

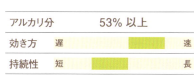

消石灰

アルカリ分	60% 以上	
効き方	遅	速
持続性	短	長

素早く効き、効果が高い

特徴

石灰岩を焼いて粉にした生石灰と水を反応させてつくったものです。すでに反応済みなので、生石灰のように、水に触れて発熱することはありません。本来は粉状ですが、飛散しにくいように、粒状に成形した製品もあります。水に溶けると強いアルカリ性を示すので、高いpH調整効果が得られます。

使い方と注意点

アルカリ性が強く、速効性なので、強い酸性土壌を速やかに調整するのに向きます。マグネシウムを含まないので、苦土石灰と半々に混ぜて施すのもよいでしょう。

施用後すぐに作付けすると、肥焼けが起きます。また、窒素の多い堆肥やアンモニア系の化学肥料（硫安など）と同時に施すと、窒素分がアンモニアガスとなって逃げます。そのため、窒素の多い堆肥は、作付けの3週間前に施し、1週間後に消石灰、さらに1週間後に元肥を施します。

使用時には、素手で触らず、目に入らないように気をつけます。残ったら、直射日光を避け、通気性のよい水けのない場所で密閉して保管します。

貝化石

アルカリ分	35 ～ 45% 程度	
効き方	遅	速
持続性	短	長

土の団粒化を促す有機石灰

特徴

貝殻やサンゴ、珪藻《けいそう》類が堆積して化石化したものを砕いた有機石灰です。粒状に成形したものもあります。

石灰のほか、マグネシウム、鉄などの微量要素を含みます。また、土の団粒を促す有機物（フミン酸）が含まれているため、土をあまりかたくしません。粗く砕いたものは、多孔質構造で、微生物のすみかにもなります。

少しずつ溶けて効くので、入れすぎても肥焼けなどの障害が出ません。また、効果が長続きします。

使い方と注意点

微量要素が欠乏している畑や、有機農法を行いたい場合などに向いています。

製品によっては、アルカリ分が低いものもあります。成分表を確認し、アルカリ分35%以上のものを選びましょう。

すぐには溶け出さないので、施用後、すぐに作付けしても障害は出ませんが、効果も得られません。苦土石灰より、作付けまでの時間を、2～3割ほど余裕をもって施してください。長年、土に入れ続けると、安定したpH調整効果が得られます。

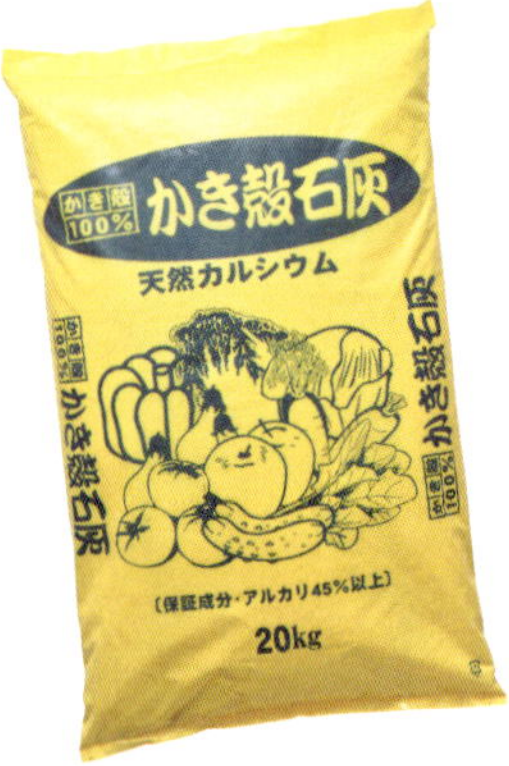

カキ殻石灰

アルカリ分	40% 程度
効き方	遅　　速
持続性	短　　長

穏やかに長く効く有機石灰

特徴

カキ殻の塩分を除き、乾燥、もしくは焼成《しょうせい》してから、粉砕したものです。カキの生産に伴って発生する廃棄物（カキ殻）を有効利用したものなので、比較的安価です。

石灰分以外にも、鉄やホウ素などの微量要素、さらに乾燥させたものでは、付着した肉片に由来する少量の窒素やリン酸を含むことが特徴。カキ殻は多孔質構造をしており、微生物のすみかにもなります。

少しずつ溶けて穏やかに効くので、入れすぎても肥焼けなどの心配がありません。また、効果が長続きします。粒の粗いものほどゆっくり溶け出し、効果もゆっくり出ます。

使い方と注意点

微量要素が欠乏している畑や、有機農法を行いたい場合などに向いています。

すぐには効果が出ないので、最初のうちは、苦土石灰といっしょに使うとよいでしょう。入れ続けていくと、前に入れた分がじわじわと効いてくるので、やがてカキ殻石灰だけですむようになります。

製品によってアルカリ分が異なるので、確認して使いましょう。

土壌の改善

アルカリ性土壌の改善

石灰や苦土を好むホウレンソウや、コマツナ、ニンジンなどを3〜4回つくれば、pHが落ち着き、酸性に強い野菜も、徐々につくれるようになる
アルカリ土壌になる原因の1つは、石灰資材の施しすぎ。また、道路際や建物のわきの畑などでは、コンクリートに含まれる石灰分が雨とともに畑に流れ込んでアルカリ性土壌になることがある

ホウレンソウなどを数回つくる

野菜の多くは強い酸性土壌を嫌いますが、アルカリ性土壌も苦手で、好むのは微酸性から弱酸性のpH5・5〜6・5の土です。

アルカリ性土壌になると、過剰なカルシウムやマグネシウムなどによってEC（電気伝導度）が上がり、さらに土の保肥力も限界になるため、少量の肥料を施しただけでも肥焼けやアンモニアガスによる障害が発生します。また、鉄やマンガンなどの微量要素も土に溶け出しにくくなるため、欠乏症が現れやすくなります。

土がアルカリ性に傾いた場合は、ホウレンソウやコマツナ、ニンジンなど、石灰や苦土を好む野菜をつくって野菜に吸収させせます。肥料のなかには、硫安（窒素肥料）や、硫酸カリ（カリ肥料）など、土を酸性にする肥料があります。こうした肥料を選んで使うのも一つの方法です。

砂質土の利用と改善

そのままでも野菜はつくれる

砂質土の特徴は、排水性と通気性には優れているものの、保水性と保肥力が劣ることです。野菜の栽培には適していないと思われがちですが、じつはこまめに水やりと施肥を行えば、ふつうの野菜なら問題なくつくることができます。

作付け前の土づくりでは、基本の土づくりと同様に堆肥を投入して、必要に応じて石灰資材を施用しますが、保肥力がなく肥焼けしやすいので、量を控えめにします(左表)。また、作付け後は土を乾燥させないように、ふつうの土以上に水やりに注意します。苗が活着したり、発芽後に根が十分に張ったりすれば、問題なく育ちます。

施肥に関しては、元肥も含め、トータルの施肥量は変えません。ただし、肥焼けを防ぐため、1回当たりの施肥量を減らし、回数を増やします。

なお、スイカ、カボチャ、サツマイモ、ラッカセイなどをつくれば、養水分のコントロールにはさほど気を使わなくてもすみます。

土壌改良するなら

こまめな養水分の管理が難しい場合は、土壌改良を行うとよいでしょう。黒土や赤土、水田土壌などの粘質土を約3kg/㎡、土をふかふかにするバーク堆肥や腐葉土を約3kg/㎡、これを同時に投入し、十分に耕します。堆肥と粘土によって、土の団粒化が促され、しだいに保水性がよくなります。また、粘質土は肥料分を吸着するため、保肥力も高まります。コストはかかりますが、粘質土の代わりにバーミキュライト(大粒)1~2ℓ/㎡、もしくはゼオライト0・5~1ℓ/㎡を投入すると、より高い効果が得られます。

特別な土壌改良をしない場合

堆肥の施用量の目安（1㎡当たり）

堆肥名	1回の施用量の上限
馬ふん堆肥	約 1.0kg
牛ふん堆肥	（おもにふん主体）約 1.0kg
豚ぷん堆肥	（おもにふん主体）約 0.5kg
発酵鶏ふん	0.2 ～ 0.3kg
バーク堆肥	2.0 ～ 3.0kg
腐葉土	2.0 ～ 3.0kg

土壌改良する場合

1 堆肥をまく

土をふかふかにするバーク堆肥や腐葉土を 3kg／㎡ほどまく

2 粘質土をまく

黒土や赤土、水田土壌などを 3kg／㎡ほどまく

3 十分に耕す

深さ 20 ～ 30㎝を目安に十分耕して、よく混ぜ込む。堆肥由来の有機物（腐植）と粘土が団粒構造を形成し、保水力や保肥力が増す

土質が改善されるまでは、石灰資材の量を控えめにする。肥料は元肥を含め、全体の施肥量は変えずに、回数を増やして 1 回当たりの量を減らす

粘質土の改善

川砂やパーライトと堆肥を投入する

指先でこすり合わせると、こより状になる粘質土の特徴は、保肥力と保水性に優れているものの、通気性と排水性が劣ることです。踏みかためられている場合や、粒子があまりに緻密な場合は、保水性も悪くなります。また、粘質土はいつも湿っているイメージがありますが、乾燥ぎみの場合もあります。

サトイモやエダマメなど、一部の野菜はよくできますが、それ以外の野菜をつくるなら、土壌改良が必要です。雨が降ったあとなど、土がぬれた状態で作業すると、土を練ってかためてしまうので、乾いた状態のときに、川砂やパーライト、バーミキュライトなどの土壌を改良する資材と、土をふかふかにする効果が高いバーク堆肥や腐葉土を土にまき、畑全体にすき込みます。投入量の目安は、土壌を改良する資材は5ℓ／㎡、堆肥は2～3kg／㎡です。

堆肥は毎年入れ続ける

川砂やパーライトなどは、土の中に物理的な隙間をつくるため、速効性があります。また、鉱物質のため、分解されることがなく、効果が長続きします。

堆肥は毎年、この量を入れ続けることで、しだいに土が団粒化します。土を十分に耕すこともたいせつで、一時的であれ、土がやわらかくなり、通気性と排水性が改善されます。

過湿になるおそれがあるので、水がたまらないように排水路を設けたり、高畝にしたりすることも必要です。

施肥に関しては、通常の量と回数でかまいません。ただし、すぐに土がかたまってしまう場合は、1回の施肥量を減らし、回数を増やすと、肥料を施すごとに土の表面を耕すことになるので、土が多少やわらかくなります。

1 土壌を改良する資材をまく

川砂やパーライト、バーミキュライトなどを、5ℓ／㎡ほどまく

2 堆肥をまく

バーク堆肥や腐葉土を毎年2～3kg／㎡入れ続ける

3 十分に耕す

深さ20～30cmを目安に十分に耕して、よく混ぜ込む。砂が隙間をつくり、堆肥由来の有機物（腐植）と粘質土が団粒構造を形成し、通気性と排水性が改善される

費用と手間をあまりかけない改良方法

畑全体に、パーライトなどをすき込むには、資材が大量に必要で、費用がかさみ、手間もかかる。資材が大量に用意できない場合は、堆肥を畑全体にすき込んだあと、畝の下にパーライトなどの資材を入れ、周囲の土とよく混ぜておくだけでも効果が得られる

作土層が浅い場合

根が十分に張れない

作土層とは、ふだんから耕し、野菜が根を張ることのできるやわらかな土の層のことです。これが15cmに満たない畑では、野菜が根を十分に張ることができません。そのため、乾燥時に地中の深いところから水分を吸収できずに枯れる、地上部が十分に生育できない、強風などで株が倒れるといったトラブルが起きます。根菜類では、根が短くなったり、形が悪くなったりします。

また、利用できる土の量が少ないため、肥料を保持する部分も少なくなります。その結果、肥料切れや肥焼けも起きやすくなります。

すき床ができているなら深く耕す

支柱などを差してみて、15cm未満しか入っていかない場合は、原因を知るため、畑の一部を掘って調べましょ

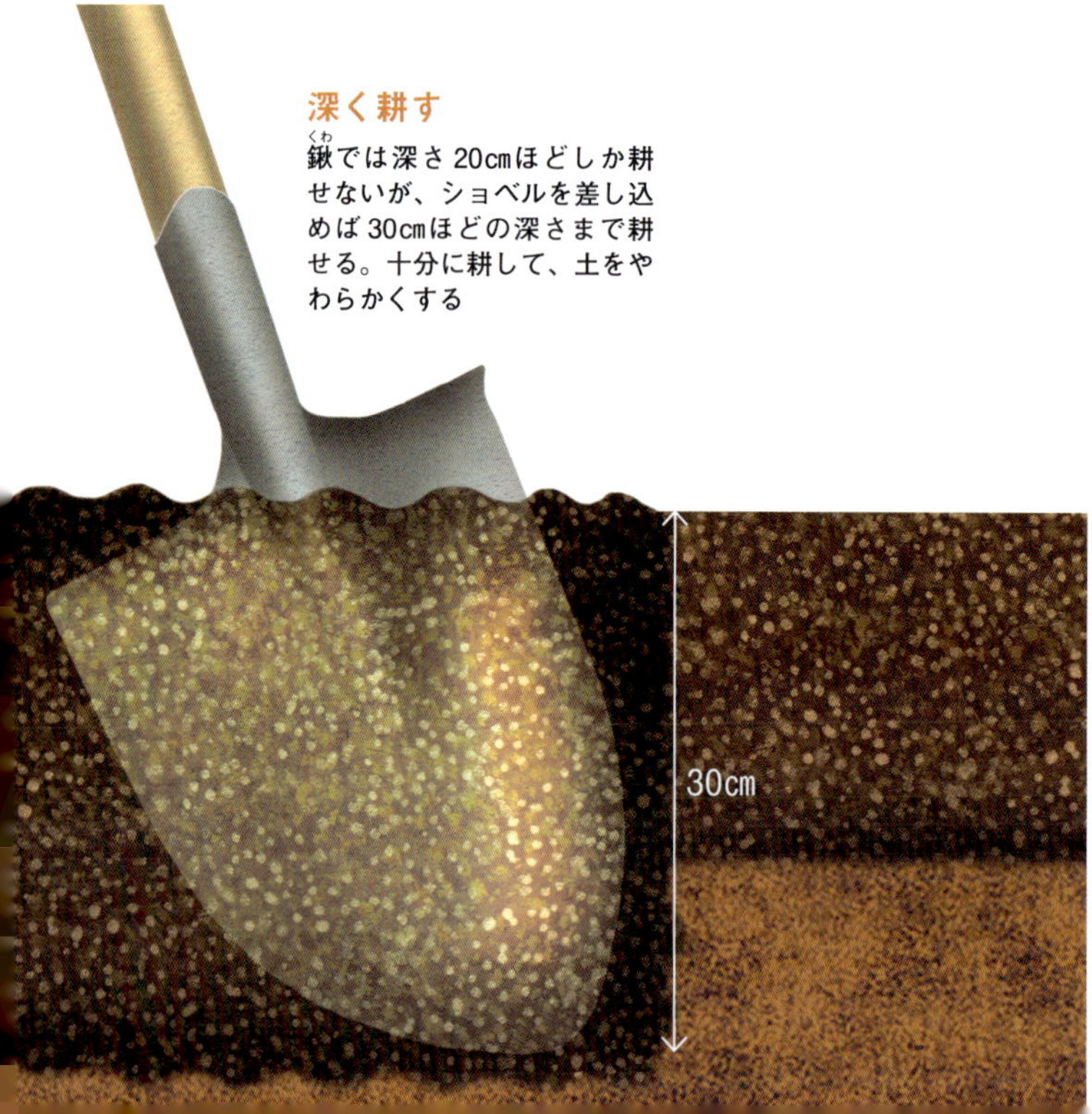

深く耕す
鍬《くわ》では深さ20cmほどしか耕せないが、ショベルを差し込めば30cmほどの深さまで耕せる。十分に耕して、土をやわらかくする

う（23ページ）。

すき床ができていて作土層の下の土がかたい場合や、途中にかたい土の層がある場合は、ショベルを使って、深さ30㎝を目安に耕しましょう。土をすくう「さじ部」が隠れるくらいまで土に差し込むと、30㎝ほどの深さまで耕すことができます。

ただし、有機物を多く含む黒い土の層が浅い場所では、深く耕すことで、有機物が少ない下層の土を引っ張り出してしまうことになります。そのため、堆肥を深い位置までたっぷりすき込んで有機物を補給します。

れき層があるなら畝を高くする

作土層の下に厚いれき層や岩盤がある場合は、深く耕すことができません。そこで、畝を高くすることで、根が張れるやわらかな土の層が20～30㎝ほどになるようにします。たとえば、地表面から15㎝ほど下にれき層がある畑の場合でも、15㎝の畝を立てれば、根が張れる深さは30㎝になります。こうすることで、ダイコンなどの根菜類もつくれるようになります。

また、手間と費用はかかりますが、野菜づくりに適した土を畑に盛り土し、作土層を深くしてもよいでしょう。

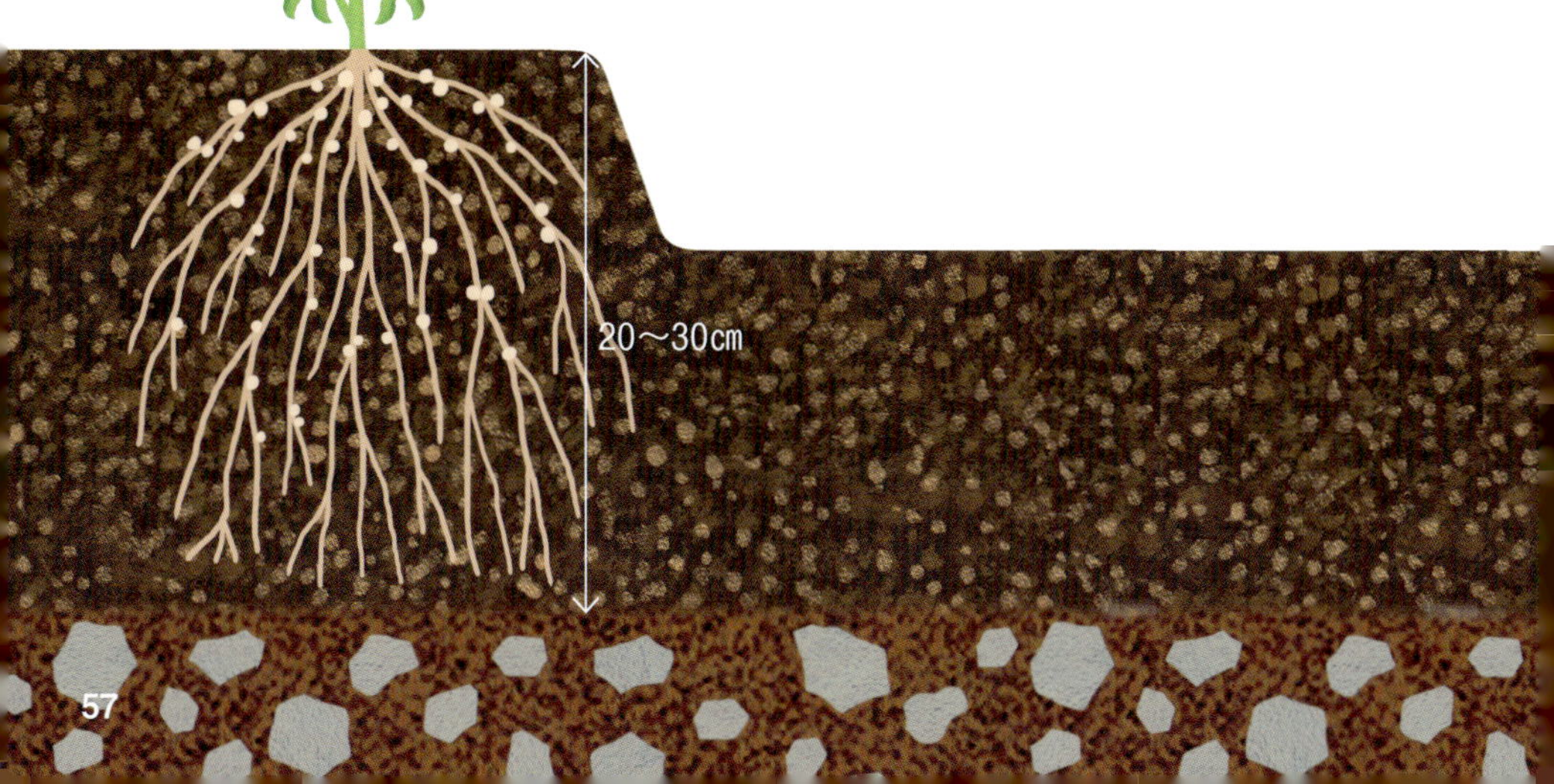

畝を高くする

れき層や岩盤から畝の表面まで20～30㎝になるように畝を立てる。30㎝あれば、根が深く伸びるダイコンもつくれる

地下水位が高い場合

高畝にして地下水から離す

地下水位が高い畑は、つねに土が湿っているため、サトイモのように湿った環境を好む野菜以外は、根の生育が悪くなり、うまく育ちません。

手っ取り早い解決法は、高畝にすることです。地表面から地下水まで20㎝あれば、30㎝ほどの高畝にすることで、根が長く伸びる根菜類以外、ほとんどの野菜がつくれるようになります。しかし、高畝にするにも限度があります。地下水までの深さが15㎝に満たない場所では、暗きょ排水など、地下水を別の場所に逃すための工事が必要になります。盛り土も効果があります。

なお、水が集まってきやすい、くぼ地や崖、斜面の下などにある畑でも、高畝は効果的です。排水性と通気性が改善され、野菜がつくりやすくなります。

崖の下でも効果的

崖の下など、水が集まってきやすい場所でも高畝は効果的

地下水位までは50㎝

畝の表面から地下水まで50㎝ほどあれば、ほとんどの野菜がつくれる

土壌の改善

れきが多い場合

少しずつれきを取り除く

作土層にれきが含まれている畑は、れきの分だけ、土の量が少ないため、保水性と保肥力が劣ります。また、耕すのも容易ではありません。鍬や鎌などにれきが当たれば、けがをする可能性があり、機械を使う場合は、とりわけ危険です。

れきの数が多い場合は、一度に取り除くことは困難です。しかし、辛抱強く少しずつ取り除けば、やがてれきのない土になります。

完全に取り除くまでのあいだは、保肥力を上げるために、土をふかふかにする効果が高いバーク堆肥、腐葉土などを年間2～3kg／㎡施しましょう。また、肥料に関しても、肥焼けを防ぐため、トータルの施肥量は変えずに、元肥も含め、1回当たりの施肥量を減らし、回数を増やして調整します。

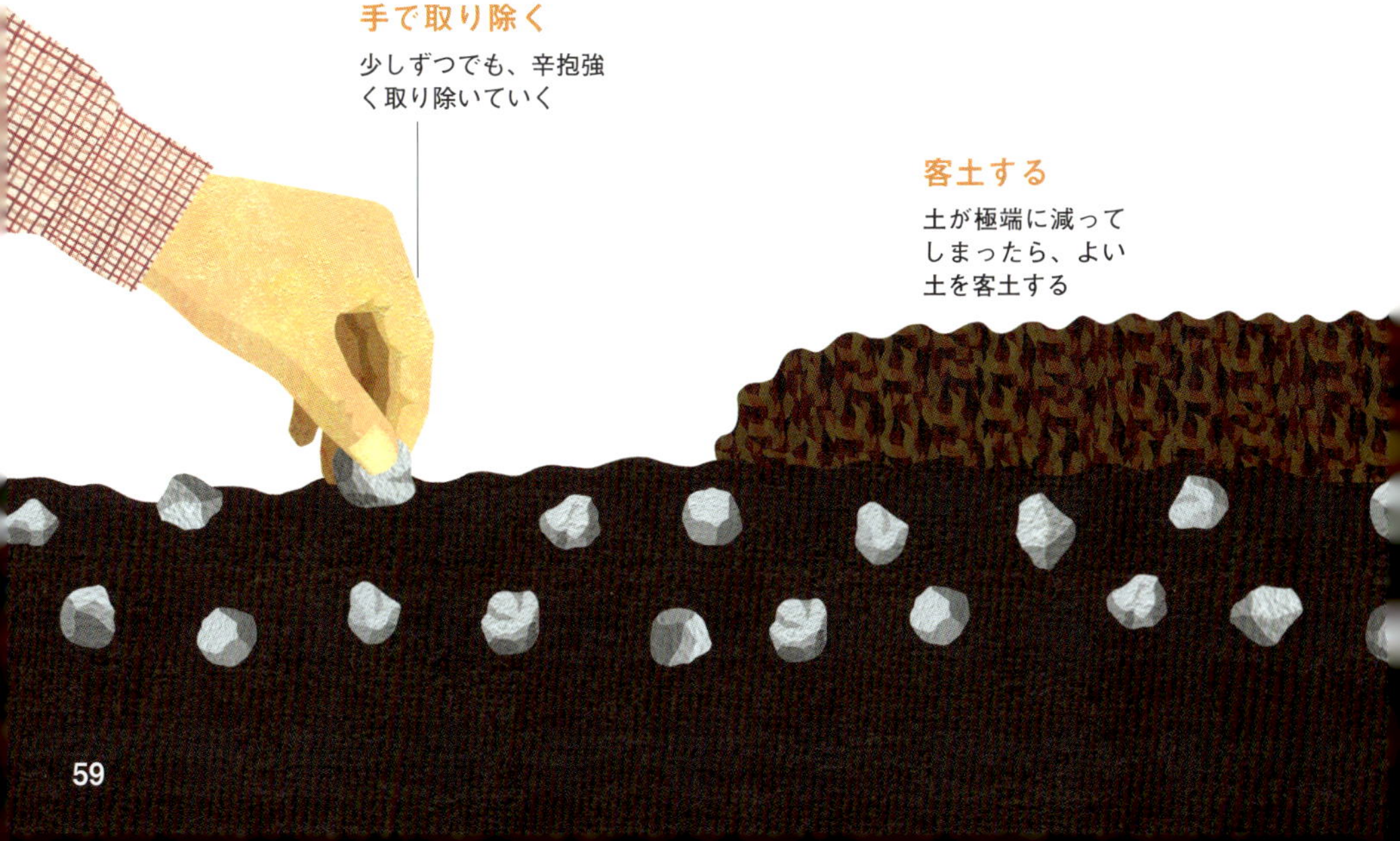
手で取り除く
少しずつでも、辛抱強く取り除いていく
客土する
土が極端に減ってしまったら、よい土を客土する

COLUMN
1

日本の土はなぜ酸性が多い？

雨が多いことが原因

日本の土の多くは pH5.0 ～ 6.0 程度の酸性を示します。その理由は、土に含まれるアルカリ性のミネラルのカルシウムやマグネシウムが、雨によって流されてしまうためです。この仕組みをもう少し詳しく見ていきましょう。

土のごく小さな粒は、粘土と腐植とによってできています。この表面はマイナスを帯びていて、プラスを帯びたカルシウムイオンや、マグネシウムイオン、カリウムイオンなどを吸着しています。

この結合は弱く、酸性の雨水がしみ込むと、アルカリ性のカルシウムイオンやマグネシウムイオンは、雨水に含まれる酸性の水素イオンと置き換わり、地下に流れてしまいます。そのため土が酸性化します。

カルシウムとマグネシウムは、植物の生育にも欠かせない必須要素です。これが不足すれば、生育にも影響がでます。

酸性土壌の問題点

では、土が酸性化すると、なにが問題なのでしょうか。

いちばん大きな問題は、土に含まれるアルミニウムが、毒性の強いアルミニウムイオンとなって溶け出し、植物の根や植物体に悪影響を与えることです。植物のなかには、ツツジやブルーベリー、チャなど、酸性土壌に強いものがありますが、これらはアルミニウムイオンの毒性に強いといえます。

さらに、溶け出したアルミニウムイオンは、リン酸を吸着・固定します。そのため、作物がリン酸を利用しにくくなり、欠乏症状が起きます。

また、植物の根は有機酸（根酸）を分泌し、溶け出したミネラルを吸収していますが、土が酸性化すると、この根酸の効力が低下します。そのため、根からの肥料吸収力が低下し、生育不良が起きます。さらに、有用な微生物も、土が酸性化するとすみにくくなります。

第2章

肥料を極める

肥料のここが知りたい！

肥料は、多く施せばよいというわけではありません。適切な量、種類、タイミングなどを理解することがたいせつです。

肥料の基本が知りたい

>>P64~69

有機質肥料と化学肥料の違いを知りたい

>>P70~71

肥料の施し方とタイミングを知りたい

>>P72~75

施肥量の調整の
基準を知りたい

>>P76~77

野菜ごとの**肥料**の
吸収パターンの
特徴を知りたい

>>P78~79

肥料の種類が
多すぎる。どのタイプが
よいか**選び方**を知りたい

>>P80~95

自分で
ボカシ肥を
つくってみたい

>>P96~97

なぜ肥料が必要なのか

植物の生育に必要な要素

ほかの生物を食べなければ生きていけない動物とは異なり、植物は光合成によって、自分で炭水化物（有機物）をつくり出すことができます。必要なのは、根から吸い上げた水と、葉から吸収した空気中の二酸化炭素、そして太陽の光エネルギーです。とはいえ、みずからつくり出した炭水化物だけでは、植物は生きられません。

植物の体を形づくるには、窒素やイオウが必要です。また、光合成によって得られた炭水化物から、生育に必要な糖やビタミンなどを合成するには、鉄や銅などが欠かせません。これらの物質はみずからつくり出すことができないので、外部から取り入れる必要があります。

畑では養分が循環しない

原野では、枯れた植物や落ち葉、動物のふんなどがそのまま残り、土の中の微生物に分解されることで、土に還ります。これを養分として、ふたたび植物が茂ります。植物にとって必要な要素が、自然に循環し、供給されているのです。

しかし、人工的な環境である畑では、そうはいきません。育てた野菜は、収穫物として畑の外に持ち出され、雑草も除草されます。

動物のふんが自然に土に入ることも、ふつうはありません。畑では、自然の循環が行われていないのです。そのため、人が肥料として、必要な養分を供給する必要があります。

また、野菜は、人が野生植物の中から食用になるものを選び出し、より大きく、よりおいしくなるように改良を重ねたものです。そのため、野生の植物よりも多くの養分を必要とします。これも野菜が肥料を必要とする理由の一つといえるでしょう。

肥料が必要な理由

光合成による養分だけでは生きられない

光合成によって得られた炭水化物から、植物が自分の生育に必要な有機物質を合成するさいには、窒素やリン酸、カリなどいろいろな要素が不可欠だが、植物はそれらをみずからつくり出すことはできない

収穫物が畑から持ち出される

収穫物として、植物が地中から吸収した養分が、畑の外に持ち出されてしまうため、自然の循環が十分に機能しない。その結果、養分を補わないまま野菜をつくり続けると、どんどんやせた土になっていく

肥料で不足する養分を補う

収穫物として畑から持ち出された養分や、みずからはつくり出せない成分を補うために、肥料を施す

植物に必要な要素

17種類の必須要素

人が生きていくうえで必要な「必須栄養素」があるように、植物にも摂取しなければならない17種類の「必須要素」があります。そのうち、炭素（C）、酸素（O）、水素（H）は、水や空気の形でおもに根や葉から吸収されるため、肥料としてとくに施す必要はありません。

残りの14種類は、おもに根から吸収されます。14種類のうち、吸収量が多い6要素を「多量要素」といいます。そのなかでもとくに重要な窒素（N）、リン酸（P）、カリ（K）が「肥料の三要素」で、肥料はこの3種類を中心に施します。

それ以外の鉄（Fe）などの8要素が「微量要素」で、吸収量は少ないものの生育に不可欠です。微量要素は、堆肥や有機質肥料などの有機物を施すことで、土に供給されます。

植物の必須要素

	炭素(C) 酸素(O) 水素(H)	大気や土壌中の水や二酸化炭素から吸収できるため、特別に施す必要はない。
多量要素	窒素(N) リン酸(P) カリ(K) カルシウム(Ca) マグネシウム(Mg) イオウ(S)	植物体乾物中に約0.1%以上含まれているものを多量要素といい、なかでも、窒素、リン酸、カリは、「肥料の三要素」と呼ばれ、とくに重要な要素となっている。三要素にカルシウム、マグネシウムを加えたものを、「五要素」と呼ぶこともある。イオウは、肥料中に含まれているため、とくに施す必要はない。
微量要素	鉄(Fe) 銅(Cu) マンガン(Mn) 亜鉛(Zn) ホウ素(B) モリブデン(Mo) 塩素(Cl) ニッケル(Ni)	植物体乾物中に約0.01%以下しか含まれていないものを微量要素という。堆肥などから供給されるため、通常は肥料としては施さない。

肥料の三要素

窒素(N)
「葉肥」とも呼ばれ、茎葉や根の伸長にとくに欠かせない。植物の体をつくるタンパク質の重要な構成要素の一つ

リン酸(P)
「花肥」「実肥」とも呼ばれる。茎葉や根の伸長を助け、開花や結実を促進する。植物体をつくる材料となるほか、植物の生命活動に関与している

カリ(K)
「根肥」とも呼ばれ、根や茎を丈夫にする。タンパク質の合成、細胞の伸長、光合成などの植物の生理作用をスムーズにする

ワンポイント

三要素の成分量を示す数字

肥料のパッケージに書かれている「N・P・K=8・8・8」といった数字。これは、その肥料に三要素が何%ずつ含まれているかをあらわしている。この場合、100g中に窒素、リン酸、カリのそれぞれが8gずつ含まれていることになる。

※一般には、窒素(N)、リン酸(P)、カリ(K)と使われることが多いが、リン酸はリンの酸化物(P_2O_5)、カリはカリウムの酸化物(K_2O)である

多量要素の欠乏症と過剰症状

	欠乏症状	過剰症状
窒素	下葉の葉先から順に黄化する。生育が衰え、葉や草丈も小さくなる。	葉が濃緑色になり、過繁茂し、開花や結実が遅れる。株が軟弱になって、病害虫の被害を受けやすくなる。
リン酸	古い下葉から紫色に変色し、生育が衰え、株が全体的に小さくなる。花や実がつきにくくなる。	症状は出にくいが、鉄欠乏を起こすことがある。
カリ	古い葉の葉先から黄化し、新葉が暗緑色となり、伸びが悪くなる。	比較的、症状は出にくい。マグネシウムの吸収に影響を及ぼすため、マグネシウム欠乏症を起こすことがある。
カルシウム	先端の葉が黄白色になり、やがて褐変したり、果実の先端部分(尻)が黒くなったりする(尻腐れ症)。土が酸性になる。	直接的な症状は出にくいが、土が中性、アルカリ性になる。
マグネシウム	葉緑素ができず、葉脈の間が黄変し、光合成の能力が落ちてくる。症状は古い下葉から現れる。	症状は出にくいが、カルシウムやカリウムの吸収を妨げ、これらの欠乏症を引き起こすことがある。
イオウ	葉全体が黄化して小さくなる。硫安や硫酸カリなどを使っている場合は、欠乏症はほとんど現れない。	直接的な症状はあまりみられない。

肥料の種類と特徴

原料の違いによる分類

肥料には、数多くの種類があり、さまざまな観点から分類することができます。その一つが、原料の違いによるものです。よく耳にする「有機質肥料」と「化学肥料」は、この違いによるものです。

有機質肥料は、動物のふんや米ぬかなど、動物性や植物性の有機物を原料としたものです。化学肥料は、化学的な工程により、おもに無機物からつくられています(70ページ)。

肥効や形状による分類

肥料の効果が現れるまでの時間と、持続する期間による分類もあります。

施してすぐに効果が現れるものの、効果が長続きしないのが「速効性肥料」です。元肥にも使えますが、すぐに効くので、追肥に向いています。化学肥料の窒素やリン酸は、基本的にこのタイプです。

一方、じわじわと効果が現れて長く効くのが「緩効性肥料」で、元肥に向いています。有機質肥料は、その多くがこのタイプです。

ほかには、形状による分類もあります。粉末状の肥料は効果が早く現れますが、飛散しやすく、扱いにくいという欠点があります。この欠点を改善したのが、粒状やペレット状の肥料です。そのほかに、速効性の液体肥料もあります。

肥料の効果は、固体の場合、一般に粉末など粒が小さいほど早く現れ、粒が大きなものほど、遅くなります。また、効果の持続期間は、粒が小さいほど短く、大きくなるにしたがって長くなっていきます。目的や育てる野菜の特性に合わせて、使い分けるようにするとよいでしょう。

肥料の種類と効き方

緩効性 ／ 速効性

有機質肥料

油かす
古くから使われてきた、有機質を代表する窒素肥料。
→ P.81

骨粉
ひじょうにゆっくりと効果が現れるリン酸肥料。
→ P.84

米ぬか
ゆっくり効くリン酸メインの肥料。堆肥やボカシ肥の発酵促進剤に最適。
→ P.86

魚かす
窒素とリン酸を多く含む。有機質肥料のなかでは速効性の肥料。
→ P.83

バットグアノ
コウモリのふんが化石化したリン酸肥料。窒素が多い窒素質バットグアノもある。
→ P.87

有機100%の配合肥料
数種類の有機質肥料を混ぜたり、複数の有機物を混ぜて発酵させたりした肥料。基本的に緩効性。
→ P.80

草木灰
すぐに効く速効性のカリ肥料。リン酸も含んでいる。
→ P.85

乾燥鶏ふん
速効性で、三要素を比較的多く含む肥料。未発酵なので元肥に使う。
→ P.82

有機質系＋化学系の肥料
有機質肥料と化学肥料をブレンドした、いいとこどりの肥料。すぐに効果が現れて、長くゆっくり効く。
→ P.89

化学肥料

熔成リン肥
土壌改良向きのリン酸肥料。長くゆっくりと効く緩効性。
→ P.93

硫安
すぐに効果が現れる、速効性の窒素肥料。
→ P.90

尿素
窒素の含有量が多い、速効性の窒素肥料。
→ P.91

過リン酸石灰
速効性のリン酸肥料。土に吸着・固定されやすいので、元肥に向く。
→ P.92

硫酸カリ
施してから、すぐに効果が現れる速効性のカリ肥料。
→ P.94

普通化成
化学的な工程により、粒状やペレット状に加工された肥料。三要素のうち2つ以上を含む。高度化成に比べ、成分量が少ないので、失敗が少ない。
→ P.88

有機質肥料と化学肥料の違い

微生物による分解が必要な有機質肥料

有機質肥料は、動物性や植物性の有機物を原料とした肥料です。骨粉や魚かす、米ぬかなど、単一の原料からできているものや、単一原料の有機質肥料を数種類混ぜたもの、さらにこれを発酵させたものなどさまざまです。

有機質肥料は、土の中の微生物によって分解され、おもに無機物の形となって根に吸収されるため、ゆっくりと効果が現れ、長く持続します。土壌微生物や動物の餌となるため、これらの生物の種類が増えて、土の生物相も豊かになります。その結果、野菜に害を及ぼす特定の微生物や動物だけが異常繁殖することも防げます。

ただし、野菜が肥料として利用するには、微生物による分解を経なければならないため、肥料効果（肥効）が土の状態によって大きく左右され、計算通りにはいかないなど、扱いが難しい面があります。

水に溶ければ効果が出る化学肥料

化学肥料は化学的な工程により製造された肥料です。石油から合成されたと思っている人もいますが、おもな原料は鉱物や岩塩、空気中の窒素ガスなど自然界に存在する無機物です。無機質肥料とも呼ばれます。

化学肥料には、三要素（窒素、リン酸、カリ）のうち、1つの肥料成分だけを含む「単肥」と、2種類以上を含む「複合肥料」とがあります。また、複合肥料のうち、化学反応をともなって製造されたものや、原料を混ぜ合わせ粒状にしたり成形したりしたものが「化成肥料」です。含まれる成分量にむらがなく、基本的に水に溶ければ根が吸収できるので、有機質肥料とは異なり、施す肥料と肥効との関係がはっきりしています。そのため、だれにでも使いやすい肥料といえます。また、単肥を利用すればピンポイントで必要な肥料成分を施せます。

有機質肥料の効き方

施した肥料は、土の中の生物によって、野菜の根が吸収できる無機物に時間をかけて分解される。そのため肥料効果が現れるまで時間がかかる

化学肥料の効き方

無機質の肥料なので、施したあと水に溶けることで、すぐに野菜の根が吸収できるようになる。そのため肥料効果は早く現れる

元肥の施し方

必要量の一部を元肥で施す

元肥とは、作付けに先立って施す肥料です。栽培期間中に必要とする肥料の量（全必要量）は、作物ごとに決まっています。これを元肥で一度に施してしまうと、肥焼けによって根が傷みます。さらに、吸収できなかった分が流れ出してむだになるだけでなく、地下水などを汚染する可能性もあります。

そこで、全必要量の一部を元肥で施し、残りを数回に分けて追肥として施します。ただし、コマツナやホウレンソウなどの葉物野菜は栽培期間が短く、必要とする肥料の量も少ないので、元肥だけで育てるのが一般的です。

施肥の方法は2種類

元肥を施す時期は、石灰資材の投入から1週間以上間をあけ、化学肥料の場合は作付けの1週間ほど前、有機質肥料の場合は種類や施用時期、施用方法により異なりますが、2~3週間ほど前です。施し方には「溝施肥」と「全面施肥」があり、それぞれ向いている野菜があるので、使い分けましょう（左図）。

三要素のうち、窒素とカリは、全必要量の半分を元肥で施します。リン酸は土の中で移動しにくいため、追肥で土の表面に施しても、根が張っている地中までいきません。そのため全量を元肥で施します。この原則に従って施肥を行うには、単肥を組み合わせて使うと便利です。

家庭菜園でよく用いられるN・P・K＝8・8・8などの三要素等量の化成肥料の場合、リン酸の全量を元肥で施そうとすると、窒素とカリが過剰になります。窒素の量に合わせて施肥量を決め、不足するリン酸は、過リン酸石灰で補うとよいでしょう。有機質肥料を使う場合は、肥料ごとに含まれる成分と成分量が異なるので、細かい計算が必要になります。

全面施肥

畑の全面に肥料をばらまき、よく耕して全体に混ぜてから畝を立てる

向いている野菜

根をまっすぐに伸ばしたいダイコンやニンジンなどの根菜類、栽培密度が高いコマツナやホウレンソウなどの軟弱野菜など

溝施肥

作物の下に溝がくるように位置を決めて、深さ15～20㎝の溝を掘り、肥料を入れてから畝を立てる。条施肥ともいう

向いている野菜

栽培期間が長いトマトやナスなどの果菜類、比較的栽培期間が長いキャベツやハクサイなど

追肥の施し方

野菜の生育に合わせて施す

追肥とは、作物の生育に合わせて、作付け後に施す肥料です。野菜の種類によって、細かなタイミングは異なりますが、おおむね元肥の肥効が切れてくる作付けの1か月後から、1か月に1回を目安に施します。

リン酸は、元肥で全量を与えるので、追肥で施すのは窒素とカリです。化学肥料を使う場合は、単肥を組み合わせるか、NK化成（窒素とカリだけを含む化成肥料）を使うとよいでしょう。また、三要素を含む化成肥料も使えますが、含まれているリン酸が効くのは次作以降になります。

追肥には、効果がすぐに出る肥料が向いています。有機質肥料を使うなら、油かすなどの有機物を発酵させ、ガス害などの心配をなくし、早く効くようにしたボカシ肥（96ページ）や発酵鶏ふん、比較的速効性の魚かすや草木灰などを利用するとよいでしょう。これらの肥料は、施すときに土とよく混ぜることで、さらに分解を早めることができます。

施す位置は根の少し先

追肥を施す位置は、根の先端の少し先です。養水分を吸収するのは、おもに根の先端近くにある根毛なので、この位置に施すことで、根が肥料を求めて伸びていきます。根の位置を見ることはできませんが、一般に、根は地上部の外周あたりまで伸びているので、これを目安に、株間や畝の肩、通路など施す位置を決めましょう。マルチを張っている場合は、マルチをはがして畝の肩に施すか、通路に施します。

肥料を施すさいは、浅い溝を切るか、浅い穴をあけます。そして、肥料をまいたら、軽く土と混ぜてから、覆土しておきます。

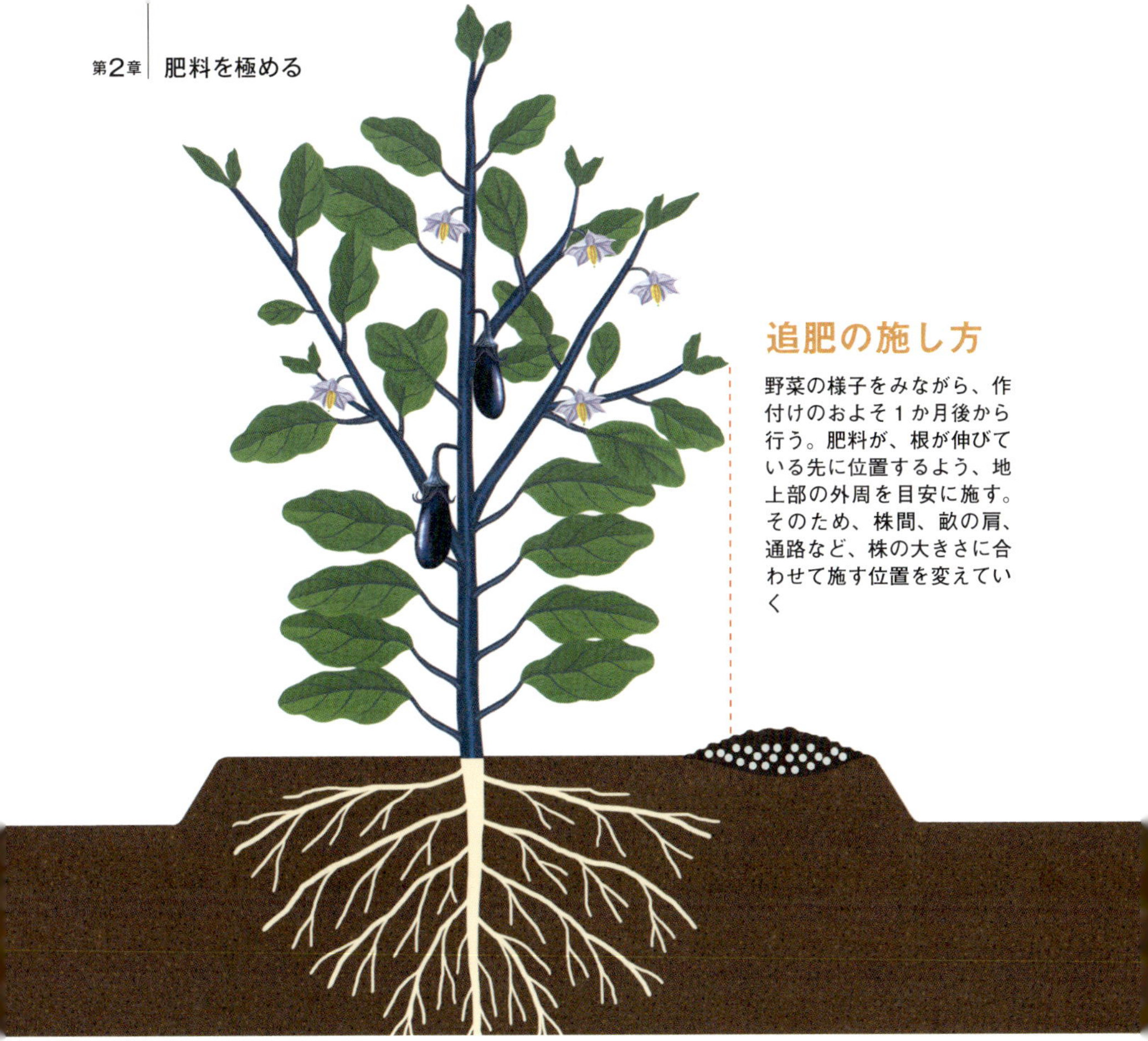

追肥の施し方

野菜の様子をみながら、作付けのおよそ1か月後から行う。肥料が、根が伸びている先に位置するよう、地上部の外周を目安に施す。そのため、株間、畝の肩、通路など、株の大きさに合わせて施す位置を変えていく

マルチを張っている場合

マルチを張っているときは、マルチをはいで、畝の肩に施す。浅い溝を切り、肥料を施したら、土と混ぜる。その後、溝の上に土をかけ、マルチを戻す

施肥量を調整する

保肥力が低い土は1回の施肥量を減らす

施肥量は野菜の種類によって異なるほか、土の種類によっても変わってきます。適度な保肥力をもつ土（黒くて、団粒構造ができている土）では、土が肥料を蓄えるため、肥料は少しずつ効いていきます。しかし保肥力が劣る砂質土で同じ量を施せば、施した肥料が一気に効いて、肥焼けが起きます。そこで、栽培期間中に施す肥料の総量は変えずに、1回当たりの量を減らし、回数を増やすことで対応します。追肥だけでなく、元肥の量も減らします。れきを多く含んでいる場合や、作土層が浅い場合など、土の量が少なく保肥力が小さい場合も同様です。

肥料分が残っている土は元肥を減らす

土の中に肥料分が多く残っている場合も、通常の施肥を行うと肥焼けを起こすので、施肥量を減らす必要があります。肥料分がどの程度土の中に残っているかは、EC（電気伝導度）を測ることで知ることができます（26ページ）。この数値が0・3mS（ミリジーメンス）／cm以下なら通常どおりの施肥を行います。0・3〜0・5mS／cmなら1〜2割、0・5〜0・8mS／cmなら3〜4割、0・8mS／cm以上なら5割ほど、元肥の量を減らしましょう。

さらに、生育状態をみながら、追肥で細かい調整を行います。葉が濃緑色の場合は、肥料が効きすぎています。通常よりも追肥の開始を遅らせ、さらに、1回当たりの施肥量は変えずに、回数を減らします。

逆に、葉が小さくなったり、黄色くなってきたりした場合は、肥料が不足しています。早めに追肥を開始し、さらに1回当たりの施肥量は変えずに、追肥の回数を増やします。

保肥力が大きな土のイメージ

土の保肥力（袋のイメージ）が大きいため、多くの肥料を保持することができ、肥焼けや、雨による流亡は起こりにくい。そして、多く吸着した養分を少しずつ植物に供給することができる

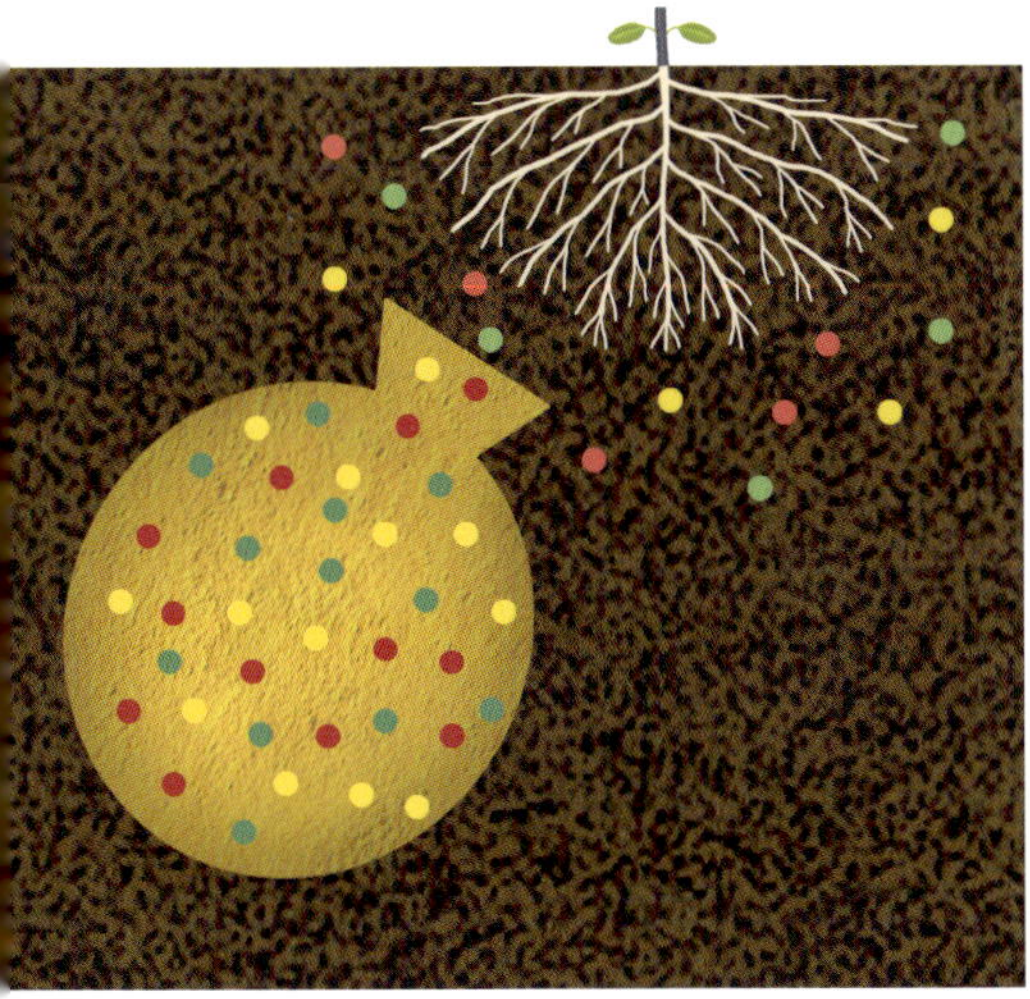

保肥力が小さな土のイメージ

土の保肥力（袋のイメージ）が小さいため、肥料を施すと一気に効いてしまい、肥焼けなどを起こす。また、雨などによって肥料分が流亡しやすい

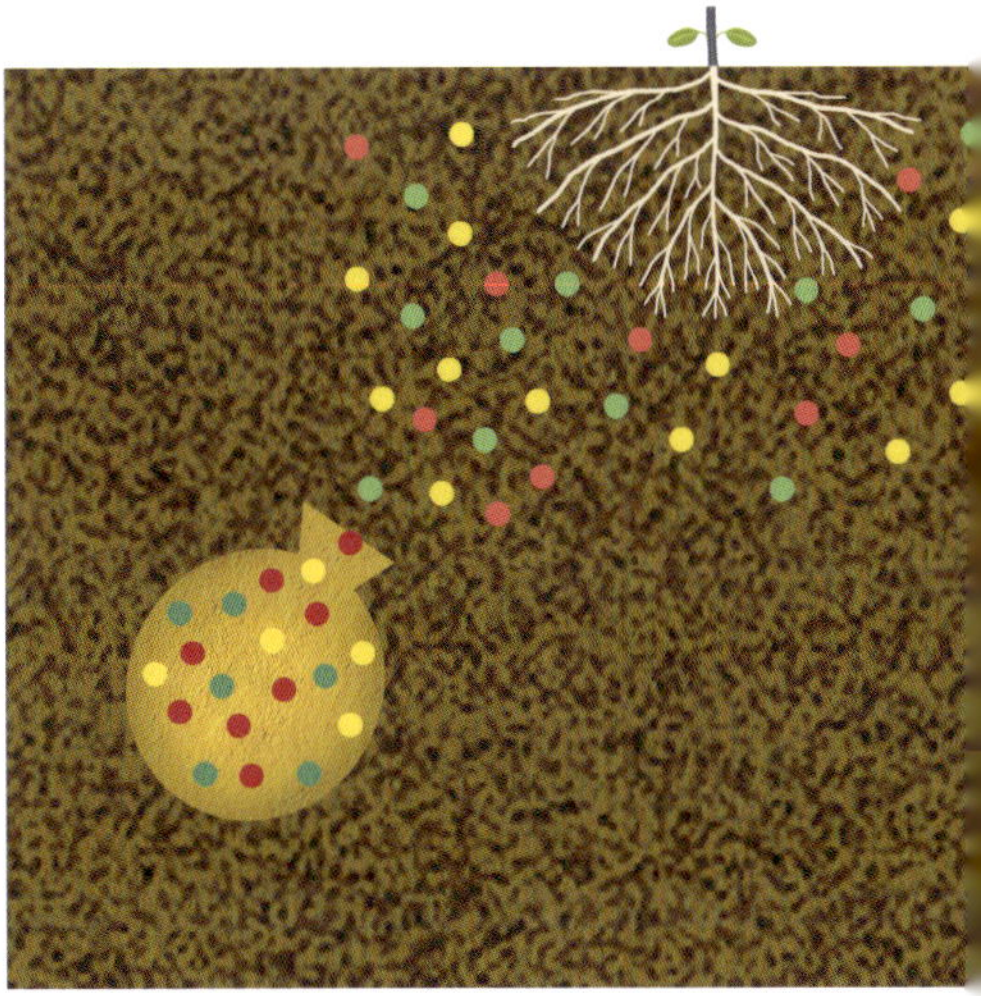

肥料過多

葉の緑色が濃くなる。トマトの場合、葉の表面がでこぼこして内側に巻くなどの症状が現れる

肥料が適量

茎葉の色が濃すぎない。トマトの場合、葉はごく軽く内側に巻く

肥料不足

葉が小さい、葉色が黄色いなどの症状が出て、全体が弱々しい

施肥のポイント

タイプ別の追肥のタイミング

野菜ごとの肥料吸収パターンを知る

「野菜」といっても、ホウレンソウは葉、トマトは果実、ニンジンは根など、種類によって食べている部分が異なります。そして、茎葉には窒素、果実にはリン酸、根にはカリというように、それぞれの生育に重要な肥料成分があるため、つくる野菜によって三要素の必要量が変わってきます。

また野菜ごとに、生育の仕方もそれぞれなので、いつ、どのような肥料をどの程度吸収するかも一様ではありません。逆に言えば、それぞれの肥料吸収パターンに沿った施肥をすれば、より品質の高い野菜が収穫できます。

タイプD

後半断食型

タマネギやジャガイモなど

生長に伴って養分の吸収量が増加する。食用部分は葉や茎が変化したもの。いつまでも養分が十分にあると肥大しないので、収穫期が近づいたら肥料分が切れるようにする。三要素がバランスよく必要。

N P K

ブロッコリーやカリフラワーなど

養分の吸収量がしだいに増加するが、養分がいつまでも多いと、食用部分の花蕾《からい》ができない。花芽ができる時期には、肥料分が減るようにする。窒素に加え、花芽をつけさせるためのリン酸が重要。

N P K

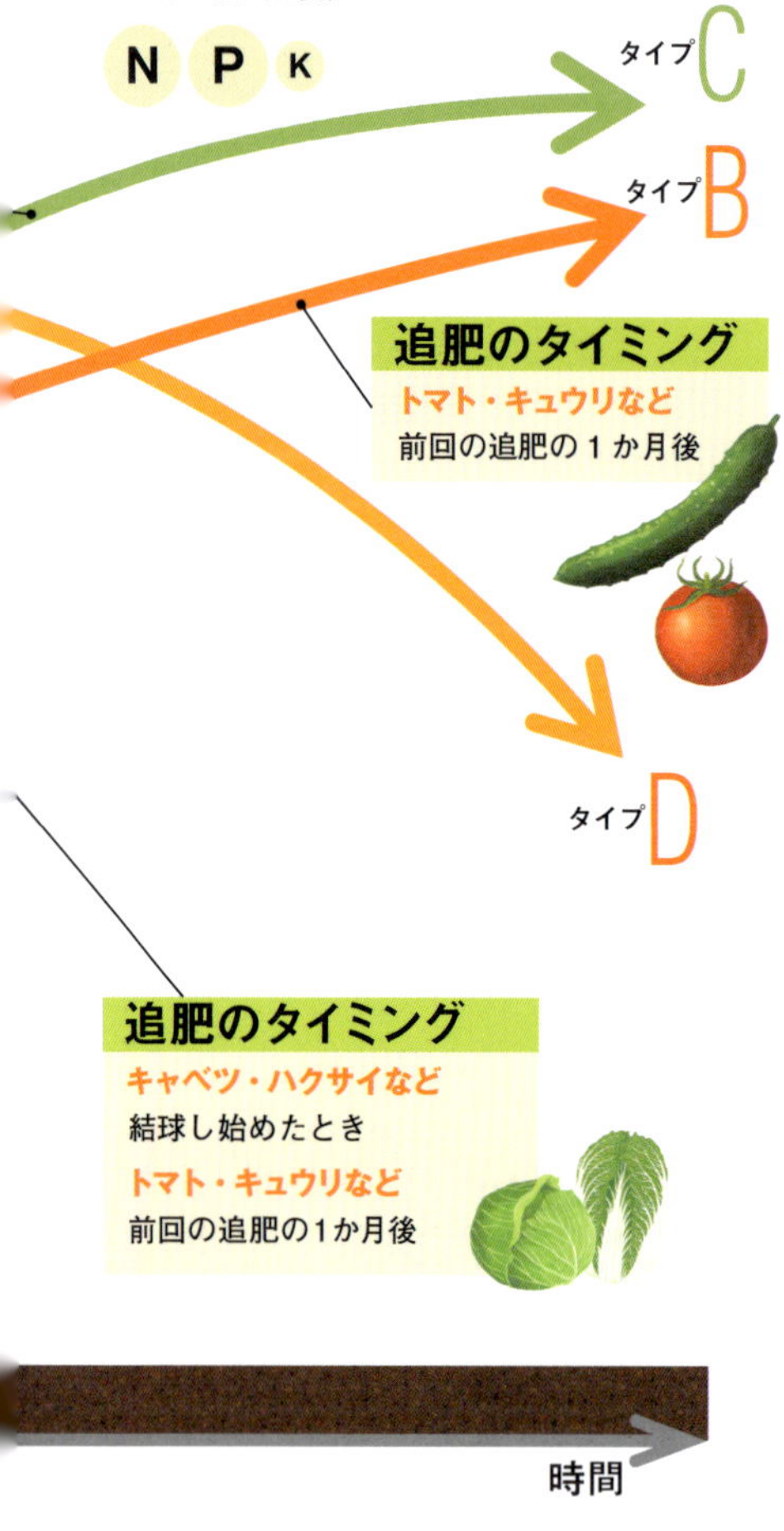

タイプC
タイプB
追肥のタイミング
トマト・キュウリなど
前回の追肥の1か月後
タイプD
追肥のタイミング
キャベツ・ハクサイなど
結球し始めたとき
トマト・キュウリなど
前回の追肥の1か月後
時間

タイプA　先行逃げきり型

ホウレンソウやコマツナなど

養分の吸収量がしだいに増加。栽培期間が短いので、元肥ですべての必要量を施す。茎葉の生育を促す窒素が重要。

N P K

タイプB　コンスタント型

キャベツやハクサイなど

養分の吸収量がしだいに増加。生育期間が長いので、コンスタントに肥料を効かせる。茎葉の生育を促す窒素が重要。

N P K

トマトやキュウリなど

養分の吸収量がしだいに増加。実がつきだしてからは、株の生長と実の肥大が同時進行するので、肥料の必要量も多くなる。窒素に加え、実を実らせるリン酸が重要。

N P K

タイプC　ピンポイント型

スイカやメロンなど

養分の吸収量がしだいに増加。ほぼいっときに開花・結実するので、この時期に吸収量が急増する。このタイミングで追肥を施す。窒素に加え、実を実らせるリン酸が重要。

N P K

ニンジン

初期の生育はゆっくりだが、後半になって急に根が肥大する。養分の吸収量も急増するので、間引きに合わせて追肥する。窒素に加え、根を太らせるリン酸や丈夫にするカリが重要。

N P K

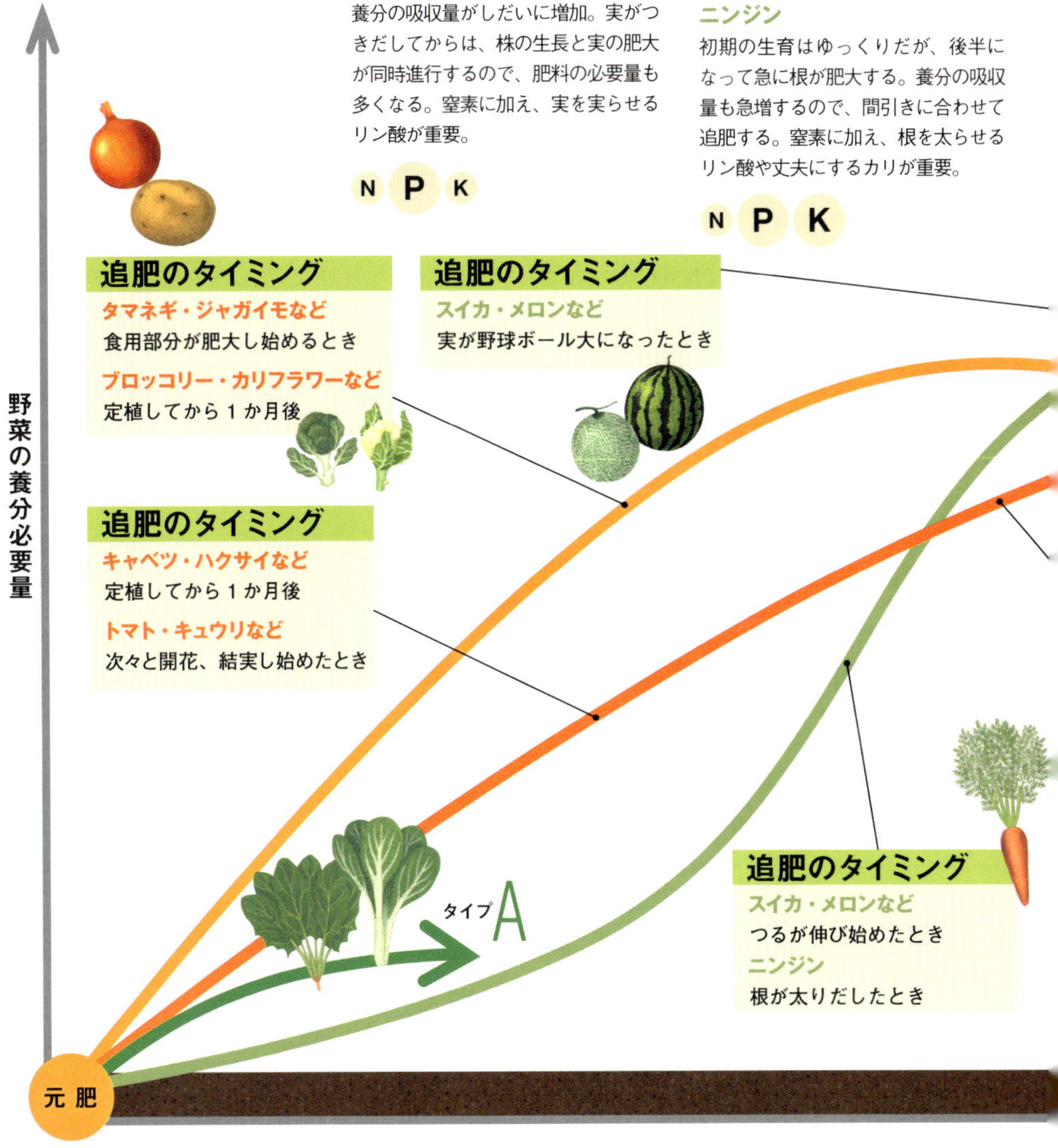
野菜の養分必要量
追肥のタイミング
タマネギ・ジャガイモなど
食用部分が肥大し始めるとき
ブロッコリー・カリフラワーなど
定植してから１か月後
追肥のタイミング
スイカ・メロンなど
実が野球ボール大になったとき
追肥のタイミング
キャベツ・ハクサイなど
定植してから１か月後
トマト・キュウリなど
次々と開花、結実し始めたとき
タイプA
追肥のタイミング
スイカ・メロンなど
つるが伸び始めたとき
ニンジン
根が太りだしたとき
元肥

有機100%の配合肥料

成分比／製品により異なる

使用法／製品によって異なるが、元肥、追肥の両方に使えるものが多い

複数の有機物を使いやすくブレンド

特徴

肥料成分のバランスがよくなるよう、複数の有機質肥料や有機物を混ぜた肥料です。これらをただ混ぜたものから、発酵させたもの、発酵済みと未発酵の有機質肥料を混ぜたものなど多くの種類があります。１００%有機物を原料に、化学的な加工により粒状にした化成肥料もあります。

有機物が原料なので、微量要素を含み、土の改良効果があります。基本的に効果はゆっくり現れ長続きします。

使い方

製品ごとに効果も使い方も異なるので、パッケージをよく見て選びましょう。追肥に使うなら、発酵済みタイプが向いています。

有機質肥料（おもに窒素分）は、土壌微生物によって分解されることで、根が吸収できるようになります。土と触れる面積が大きくなるよう、施用後は土とよく混ぜるのがポイント。とくに追肥の場合、分解を早めるためにしっかり混ぜます。

MEMO

有機質肥料は、基本的にゆっくり効果が現れる。溝施肥で使う場合は、土の下の方に施用するため、土壌微生物による分解が進みにくいので、溝の中で周囲の土とよく混ぜておく。

有機質肥料は、一般にゆっくりと効果が現れて、長く効く

油かす

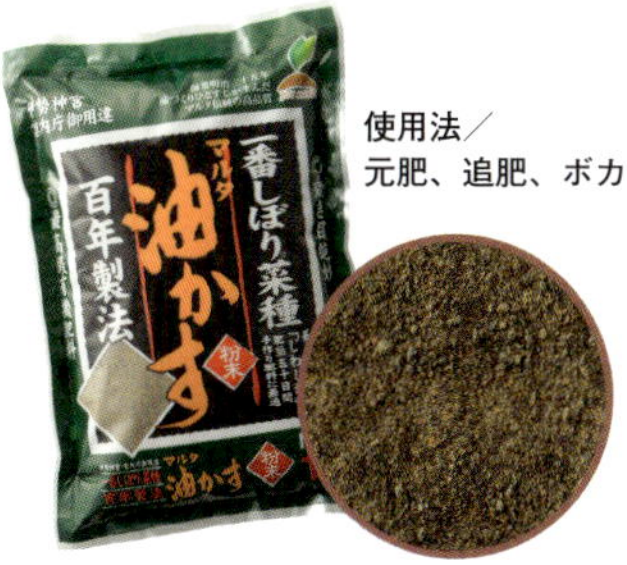

使用法／
元肥、追肥、ボカシ肥の材料に

成分比／N・P・K＝5〜7・1〜2・1〜2
など

効き方	遅	速
肥料成分の種類	多	少
土づくり効果	高	低
使いやすさ	易	難
コストパフォーマンス	高	低

有機質肥料を代表する窒素肥料

特徴

　ナタネやダイズなどから、油を搾ったあとのかすです。なかでもナタネの油かすは、古くから利用されてきました。リン酸とカリの含有量はわずかですが、窒素の含有量が多いのが特徴です。

　土の中で微生物により分解され、ゆっくりと効果が出るため、元肥に使います。

使い方

　効果が出るまでに時間がかかり、分解の過程で有機酸やガスが出て、作物に悪影響を与える可能性があるので、作付けの2〜3週間前に散布し、土によく混ぜ込みます。

　なお、油かすだけで野菜を育てようとすると、リン酸とカリが足りません。有機にこだわるなら、リン酸は骨粉、カリは草木灰で補います。こだわりがないのであれば、リン酸は過リン酸石灰、カリは硫酸カリを併用するとよいでしょう。カリは追肥で補うことも可能です。

　油かすは、水に入れて発酵させ、液体肥料にすることもできます。また、ボカシ肥の材料にも最適です。

MEMO

油かす1ℓを10ℓの水に混ぜ、2か月おいて発酵させる。5倍に薄めて、1週間に1回のペースで施すとよい。においはきついが、効果抜群の液体肥料になる。発酵済みなので、すぐに効き、障害も出にくい。

乾燥鶏ふん

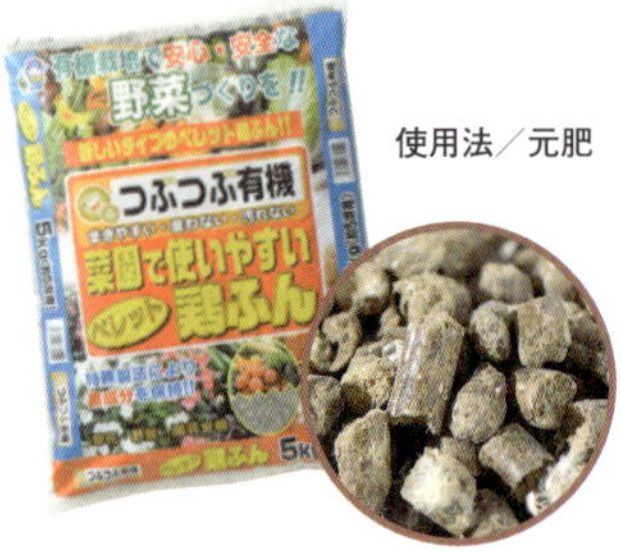

使用法／元肥

成分比／N・P・K＝4〜6・5〜6・3など

効き方	遅	速
肥料成分の種類	多	少
土づくり効果	高	低
使いやすさ	易	難
コストパフォーマンス	高	低

普通化成に匹敵する肥料成分

特徴

ニワトリのふんを乾燥させたものです。

ニワトリの餌は、採卵用か肉用かによって、また養鶏場によって異なるため、ふんに含まれる成分量は一様ではありません。

しかし、三要素を比較的多く含んでいる点は共通しており、牛ふんなどとは異なり、肥料として用いられます。

リン酸の含有量が比較的多く、採卵用のニワトリに由来するものは、石灰分を多く含んでいる傾向があります。

使い方

未発酵の状態なので、元肥として用います。

水分を吸うと、悪臭を放ちます。発酵熱やガスによって、作物が傷まないように、作付けの1か月ほど前に施し、土によく混ぜておくことが重要です。土に混ぜれば悪臭も発生しません。時間をおくことで分解され、作物が吸収できる形になります。

成分量が多いので、施す量は500g／㎡以下にします。ボカシ肥の材料や、堆肥をつくるさいの発酵促進剤にも利用できます。

MEMO

未発酵なので、かならず元肥として使う。分解が進むよう、作付けの1か月ほど前に全面施肥をし、土とよく混ぜておく。溝施肥のときは、周辺の土とよく混ぜ、1か所に偏らないようにする。1か所に集まると、ガスを発生させ作物を傷めてしまう。

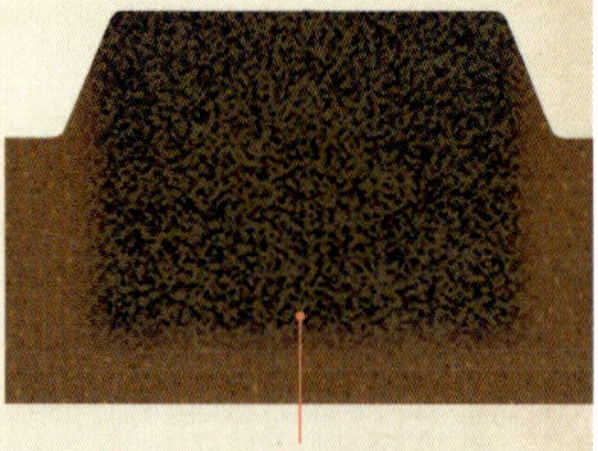

元肥として全面施肥して使用する

魚かす

魚かす
家庭園芸肥料

使用法／元肥、追肥

成分比／N・P・K＝6～8・5～6・1など

効き方	遅	速
肥料成分の種類	多	少
土づくり効果	高	低
使いやすさ	易	難
コストパフォーマンス	高	低

窒素とリン酸を多く含み、味をよくする

特徴

魚を煮て圧搾し、水と脂分を抜いて、乾燥させたものです。窒素が多く、リン酸は幅があり、カリはほとんど含みません。

有機質肥料のなかでは速効性があり、元肥のほか、栽培期間の長い野菜なら、追肥としても利用できます。微量要素を多く含むため、果菜類や葉菜類の味をよくするといわれています。

使い方

元肥に使うときは、作付けの2週間ほど前に施し、土に混ぜ込みます。土の表面に出ていると、鳥や動物、虫の餌になるので要注意。

追肥に使うときは、根がこれから伸びる場所に溝や穴を掘って施し、覆土します。

元肥、追肥のどちらで使う場合も、カリがほとんど含まれていないため、有機にこだわるなら草木灰で、こだわらないなら硫酸カリで補います。また、リン酸の少ない魚かすを元肥に使う場合、これだけでリン酸の必要量をまかなおうとすると、窒素過多になります。施肥量は100～150g／㎡までとし、不足するリン酸は骨粉や過リン酸石灰で補うとよいでしょう。

MEMO

追肥で使う場合、魚かすだけでは、カリが不足するので、草木灰や硫酸カリで補う。原料が魚なので、土の表面に出ていると、鳥や小動物、虫などがやってきて、食べてしまう。かならず土の中に入れること。

魚かす＋
草木灰もしくは
硫酸カリ

骨粉

使用法／元肥、ボカシ肥の材料、土壌改良に

成分比／N・P・K＝3・14～20・0など（蒸製骨粉の場合）

効き方	遅	速
肥料成分の種類	多	少
土づくり効果	高	低
使いやすさ	易	難
コストパフォーマンス	高	低

じわじわと効くリン酸肥料

特徴

いくつかの種類がありますが、広く流通しているのは、ブタやニワトリなどの骨を高温の蒸気圧で処理したのち、乾燥させ、粉砕した蒸製骨粉です。

原料や製造法により、成分量に違いがありますが、リン酸を多く含む点は共通しています。含まれているリン酸は、根や微生物が分泌する有機酸に少しずつ溶ける「く溶性」です。効果がゆっくりと現れ、長続きするため、元肥に使います。

なお現在、牛骨粉はBSEの関係で製造法などが厳しく制限されているため、ほとんど出回っていません。

使い方

ゆっくり溶け出すので、作付けの1か月前には土に混ぜます。早く準備ができないときには、すぐに効果が現れる過リン酸石灰や草木灰を併用するとよいでしょう。効果を早く出すために、分解の早い顆粒タイプを使う、有機酸を出す微生物を増やすために、堆肥と混ぜて施すといった方法もあります。

また、ほかの有機物と発酵させてボカシ肥にすれば、吸収がよくなります。

MEMO

少しでも早く効かせるには、堆肥と混ぜて施す。微生物が出す有機酸によって、リン酸が溶け出すので、微生物が増えれば、それだけ早く溶けることになる。

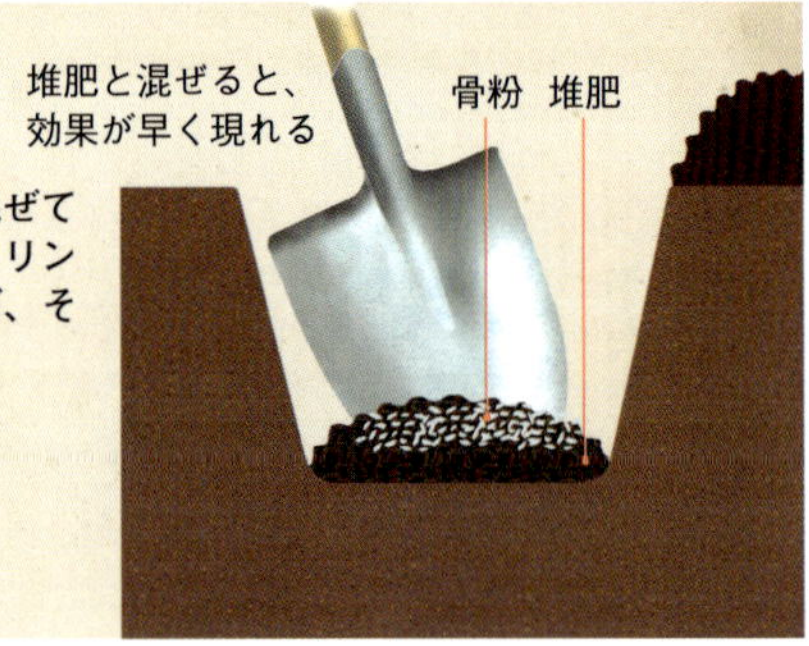

草木灰

使用法／元肥、追肥

成分比／N・P・K＝0・3～4・7～8など

効き方	遅	速
肥料成分の種類	多	少
土づくり効果	高	低
使いやすさ	易	難
コストパフォーマンス	高	低

果菜類の味をよくする速効性のカリ肥料

特徴

草や木を燃やした灰です。どんな植物を燃やしたかにより、成分や成分量が異なりますが、主体はカリです。ほかにはリン酸と石灰を多少含み、窒素は含まないのが一般的です。

元肥に用いられることが多いのですが、速効性なので追肥にも使えます。

微量要素を含み、果菜類の味をよくするといわれています。

使い方

製品により成分量にかなり差があるので、パッケージの記載を確認しましょう。

元肥として使う場合は、カリの含有量が少ない油かす、発酵鶏ふん、魚かすなどと組み合わせると、バランスがとれます。追肥で使うなら、果菜類などの花が咲く前に施すと効果的です。

風で飛散するので、散布後すぐに土に混ぜます。硫安や過リン酸石灰と同時に施すと、硫安などの効果が半減するので避けましょう。

石灰を含むので、土のpH調整にも利用できます。ただし、草木灰だけで調整しようとすると、カリが入りすぎるため、貝化石や苦土石灰などを併用します。

MEMO

微量要素を含むため、果菜類の味をよくするといわれている。花が咲く前に、追肥として施すとよい。施したあとは、風で飛ばないように、土に混ぜておく。

米ぬか

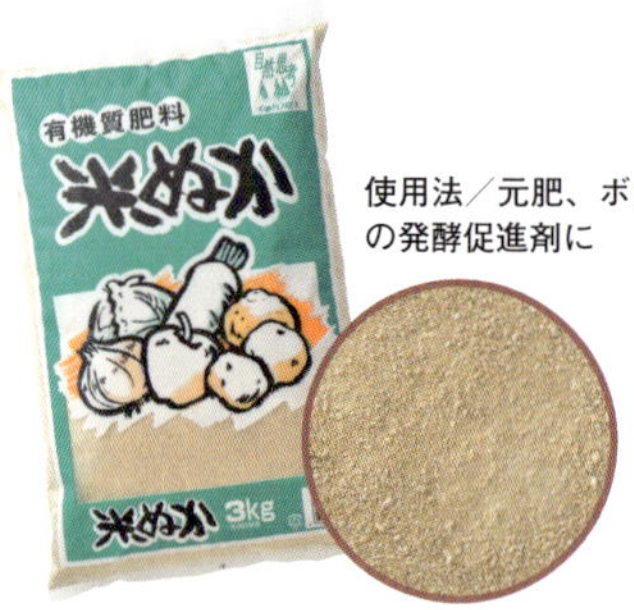

使用法／元肥、ボカシ肥や堆肥の発酵促進剤に

成分比／N・P・K＝2～2.6・4～6・1～1.2など

効き方	遅	速
肥料成分の種類	多	少
土づくり効果	高	低
使いやすさ	易	難
コストパフォーマンス	高	低

ゆっくりと効くリン酸肥料

特徴

玄米を精米するときに出るぬかです。米屋や無人精米所などで入手できる生の米ぬかと、肥料として売られている脱脂米ぬか（油を搾ったあとのかす）とがあります。

リン酸が多く、窒素とカリも含みます。糖分やタンパク質も豊富なため、これが餌となり、土中の微生物の活動が活発になります。

使い方

肥料として使いやすいのは、脱脂米ぬかです。分解がゆっくりなので、元肥として作付けの2週間前に施し、よく土に混ぜ込みます。

生の米ぬかは、脂肪分を多く含んでいるため分解が遅く、さらに土中でかたまりになりやすいため、害虫や雑菌の巣となる場合があります。

そのため生の米ぬかは、肥料としてより、堆肥やボカシ肥をつくるときの発酵促進剤として使うとよいでしょう。微生物が爆発的に増えて、腐熟が早まるので、堆肥やボカシ肥づくりにつきものの悪臭がほとんど発生しません。

なお、保存中に虫が湧いても、効果は変わりません。

MEMO

生の米ぬかは、堆肥をつくるときに、発酵促進剤として使うとよい。微生物の餌になり、発酵が進むので、悪臭があまりしない。落ち葉やわら、枯れ草100kgにたいし、米ぬか300～500gを混ぜる。

バットグアノ

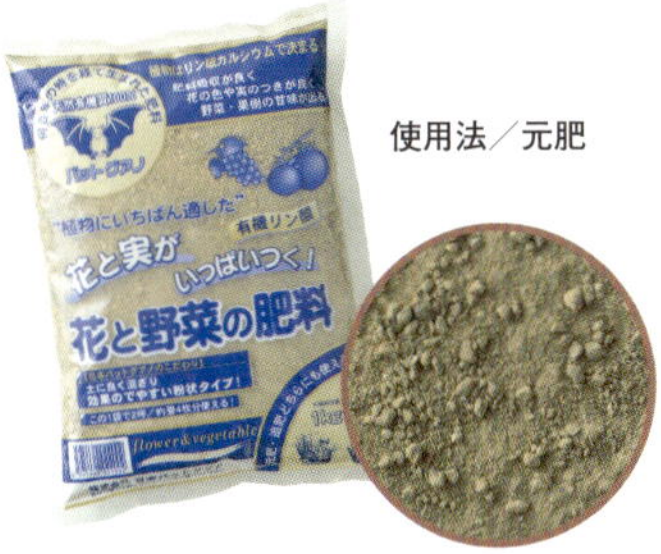

使用法／元肥

成分比／N・P・K＝0.5～2・10～30・0など
（リン酸質の場合）

効き方	遅		速
肥料成分の種類	多		少
土づくり効果	高		低
使いやすさ	易		難
コストパフォーマンス	高		低

コウモリのふんからできたリン酸肥料

特徴

比較的多く流通しているのは、リン酸質バットグアノで、コウモリのふんが洞窟の中で堆積し、化石化したものです。コウモリの死骸や昆虫なども混ざっています。周囲の環境が影響するため、採取場所によって成分にばらつきがあります。

含まれるリン酸は、く溶性（84ページ）で、ゆっくりと効果が現れて、長く効きます。

使い方

リン酸質バットグアノは、元肥に用いますが、窒素とカリが足りません。有機質肥料にこだわるなら、窒素は油かすで、カリは草木灰で補います。こだわりがないのなら、硫安、硫酸カリで補いましょう。

また、カルシウムを多く含むため、含有量によっては石灰資材の散布が不要になることがあります。

ほかに、堆積年数が短いため、窒素を多く含む窒素質バットグアノがあります。こちらは、元肥のほか、追肥にも使えます。

いずれにしろ、製品によって成分が著しく異なるので、パッケージをよく見ることがたいせつです。

MEMO

リン酸質バットグアノは、元肥に使う。しかし、単独では窒素とカリが足りないので、油かすと草木灰をいっしょに施す。

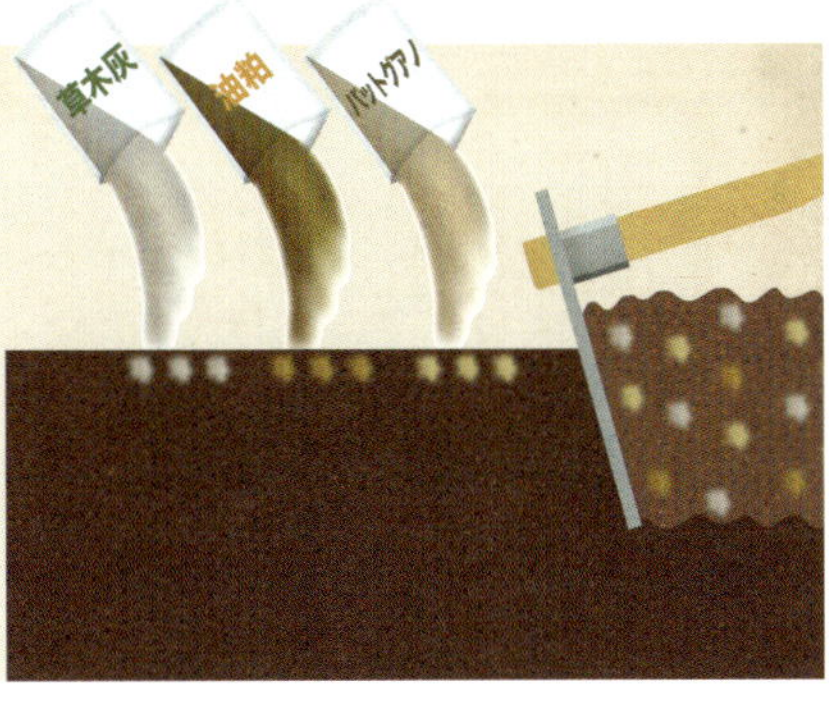

普通化成

使用法／元肥、追肥

成分比／N・P・K＝8・8・8が一般的

効き方	遅	速
肥料成分の種類	多	少
土づくり効果	高	低
使いやすさ	易	難
コストパフォーマンス	高	低

散布しやすくむらなく施せる

特徴

窒素、リン酸、カリの三要素のうち、2つ以上の成分を含み、化学的な加工によって、粒状やペレット状にした肥料が「化成肥料」です。粒の形や大きさ、粒ごとの成分が均一なので、散布しやすく、むらなく施せるのが特徴です。

そのなかでも三要素の成分量の合計が15%以上、30%未満のものが「普通化成」です。一般的なのは、窒素、リン酸、カリを8%ずつ含む「8・8・8」のタイプです。

三要素の成分量の合計が30%以上の「高度化成」もありますが、こちらに比べると、成分含有量が少ないため施しすぎによる失敗が少なく、初心者でも安心して使えます。

使い方

一般に速効性で、三要素が等量のものは、おもに元肥として使います。

追肥として使うこともありますが、その場合、リン酸はその作では効かずに、次作で効いてきます。そのため追肥には、窒素とカリだけを含んでいる「NK化成」を使うのもよいでしょう。

MEMO

溝施肥で使う場合は、肥料を溝に入れたら、土と混ぜずに、そのまま上から土をかぶせると、窒素を長く効かせることができる。土と混ぜると、窒素がすぐに根が吸収できる形になるが、雨や水やりで流亡しやすい。

有機質系＋化学系の肥料

使用法／元肥、追肥の両方に使えるものもある

成分比／製品によって、さまざま

肥料効果と土づくり効果がある

特徴

化学肥料は、肥料成分が安定していて扱いやすいのですが、これだけを使い続けていると、土壌に有機物が補給されません。そこで、土づくり効果が期待できる有機質肥料や有機物を化学肥料にブレンドしたのが、このタイプの肥料です。

さまざまな種類が販売されていますが、速効性の化学肥料と緩効性の有機質肥料を組み合わせているため、効果がすぐに現れ、ゆっくり長く効くものがほとんどです。また、多くの製品は、それだけ施せばすむように、三要素を中心に複数の成分が含まれています。

最初に1回施せば追肥しなくてすむよう、元肥として効く有機化成肥料に、効きだす時期が異なる複数の被覆肥料を組み合わせたものもあります。野菜の肥料吸収バランスに合わせ、いくつかのタイプがあります。

使い方

製品ごとに特徴や使い方が異なるので、パッケージの記載をよく読み、目的に合ったものを選びましょう。

基本的に元肥用ですが、元肥と追肥の両方に使えるものもあります。

MEMO

速効性の化学肥料と緩効性の有機質肥料が組み合わされているタイプは、元肥にも追肥にも向いている。

追肥では、化学肥料の成分が効果的に効いてくる

使用法／元肥、追肥

成分比／N＝21

硫安（硫酸アンモニウム）

効き方	遅	速
肥料成分の種類	多	少
土づくり効果	高	低
使いやすさ	易	難
コストパフォーマンス	高	低

扱いやすい窒素肥料

特徴

化学肥料の一種で、三要素のうち窒素のみを含む単肥です。水に溶けやすく、すぐに効果が現れます。窒素の含有量も約21％とほどほどで、値段も比較的安く、扱いやすい肥料です。

効果の持続期間は1か月ほどですが、高温で雨が多い時季にはもう少し短くなります。

使い方

硫安を施用すると、作物が肥料分を吸収したあと、副成分の硫酸が残って、土壌を酸性化します。そのため、作付け前に、土のpHを調べ、必要なら石灰資材を投入します。ただし、硫安と同時に施すと、肝心の窒素を含むアンモニアが空気中に逃げてしまうので、7～10日ほど前に施用し、十分に土に混ぜておきます。

硫安はすぐに作物に吸収されるので、一度に大量に施すと、肥焼けなどの障害が起きます。元肥として使う場合は、25～75g／㎡、追肥では1回当たり25～50g／㎡を限度に施します。

元肥として使う場合は、リン酸肥料とカリ肥料を、追肥で使う場合はカリ肥料を組み合わせます。

MEMO

作付け前には、土のpHを調べること

硫安は土を酸性にするので、作付け前に土のpHを調べることがたいせつ。石灰資材の投入が必要な場合は、硫安を施す7～10日前に散布して、土によく混ぜる。

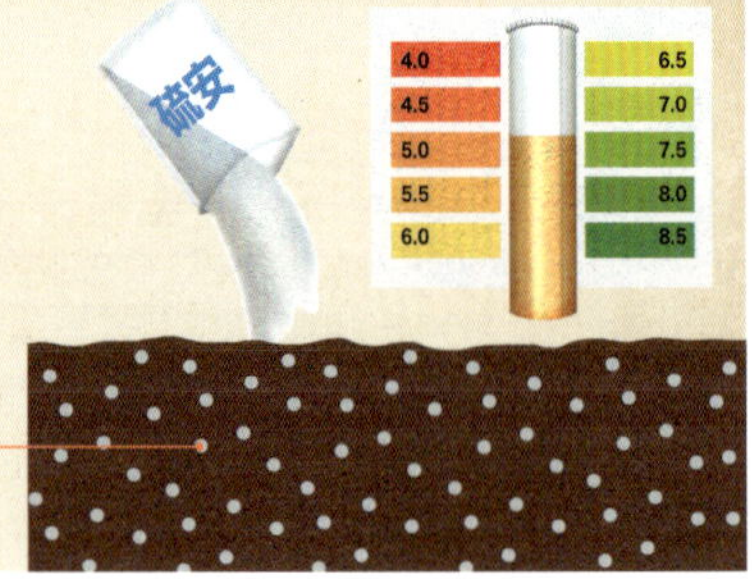

石灰資材は、事前に施しておく

尿素

使用法／元肥、追肥、液体肥料

成分比／N＝46

効き方	遅	速
肥料成分の種類	多	少
土づくり効果	高	低
使いやすさ	易	難
コストパフォーマンス	高	低

液体肥料にもできる窒素肥料

特徴

化学肥料の一種で、三要素のうち、窒素のみを含む単肥です。ひじょうに水に溶けやすく、きわめて早く効果が現れるので、追肥に向いていますが、元肥にも使えます。窒素の含有量が46%と多く、高度化成の原料にも使われています。また、水に溶かして液体肥料としても使えます。

使い方

成分含有量が多いので、施しすぎに注意します。1回の施肥量は20g／㎡までです。とくに気温が高い時季は分解が早く、障害が出やすいので注意しましょう。

液体肥料として使う場合は、水で100〜200倍に薄めます。根が弱っているときや、すぐに肥料を効かせたいときには200〜300倍に薄めたものを葉面散布すると効果的です。水で薄めた尿素は1回で使い切るようにしてください。

湿気を吸って固まりやすいので、残った肥料はしっかり封をして保存します。1回で使い切れる量を購入するのもよいでしょう。また、水を吸って溶け出した尿素を素手で触ると、手が荒れることがあります。

MEMO

尿素は葉面散布にも適している。肥料切れで葉色が悪くなったり、生育が悪くなったりしたときに、200〜300倍に水で薄めて（水1ℓにたいして、尿素5〜3.3gを混ぜる）、葉にスプレーすると、すぐに効果が現れる。

株の生育が思わしくないときは、葉にスプレーするとよい

過リン酸石灰（過石）

速効性のリン酸肥料
過燐酸石灰
リン酸分を17.5%含有
花もの・実ものに
元肥・追肥に
過燐酸石灰
NET 700g

使用法／元肥

成分比／P＝17〜20
（内水溶性リン酸14〜17）

効き方	遅	速
肥料成分の種類	多	少
土づくり効果	高	低
使いやすさ	易	難
コストパフォーマンス	高	低

特徴

化学肥料の一種で、水溶性リン酸を14〜17％ほど含む単肥です。すぐに水に溶け、根が吸収できる形になりますが、追肥で施してもリン酸は土の中を移動しにくく、根まで届かないので、元肥で施します。

名前にもあるとおり、石灰分も含まれますが、ほぼ中性で土のpHを調整する働きはほとんどありません。

使い方

土に混ぜると、リン酸が土の中のアルミニウムや鉄に吸着・固定され、その分のリン酸を作物が利用できなくなるので、土と触れる面積が小さくなるよう、堆肥と混ぜて畝の下や全面に施肥をするとよいでしょう。

なお、黒ボク土など火山灰土壌は、リン酸を吸着・固定する力が強いので、施用量が多くなります。酸性土壌の場合もリン酸を吸着する力が強くなるので、pH調整が欠かせません。

ただし石灰資材や草木灰を過リン酸石灰と同時に施すと、リン酸が水に溶けにくい形に変わり野菜が吸収しにくくなります。pH調整はリン酸を施す1週間前にすませましょう。

MEMO

堆肥に混ぜて畝の下に施すと、リン酸が土の中のアルミニウムや鉄に吸着・固定されにくくなり、野菜が効率的に利用できる。

堆肥に混ぜると効果的
過リン酸石灰

熔成リン肥（熔リン）

使用法／土壌改良

成分比／P（く溶性）＝20、アルカリ分＝50、苦土＝15、ケイ酸＝20

効き方	遅	速
肥料成分の種類	多	少
土づくり効果	高	低
使いやすさ	易	難
コストパフォーマンス	高	低

土壌改良にうってつけのリン酸肥料

特徴

化学肥料の一種で、植物の根や微生物が分泌する有機酸によって、ゆっくり溶け出すく溶性リン酸を20％ほど含んでいます。

おもに、火山灰土壌の土壌改良に用いられます。火山灰土壌は、リン酸を吸着・固定するアルミニウムを多く含むため、リン酸が欠乏しがちです。しかし、熔成リン肥は水に溶けにくいため、アルミニウムに吸着・固定されにくいのです。また、アルカリ分を50％含むので、土のpHを調整する効果もあります。

使い方

初めて畑として使う場所の土壌改良に用います。元肥を施す3〜4週間ほど前までに200〜300g／㎡を施し土とよく混ぜます。リン酸は土の中を移動しにくいので、深く耕して土の下の方まで入れましょう。

熔成リン肥のリン酸は、効果が現れるまでに時間がかかります。別途、元肥で、過リン酸石灰などのリン酸肥料を施します。石灰資材の施用は不要です。

ガラス質のため、素手で触るとかぶれるので、注意してください。

MEMO

初めて畑として使う場所の土壌改良に使う。元肥を施す3～4週間ほど前に、200～300g／㎡を投入し、土とよく混ぜる。苦土石灰と同程度のpH調整力があるので、石灰資材を施す必要はない。

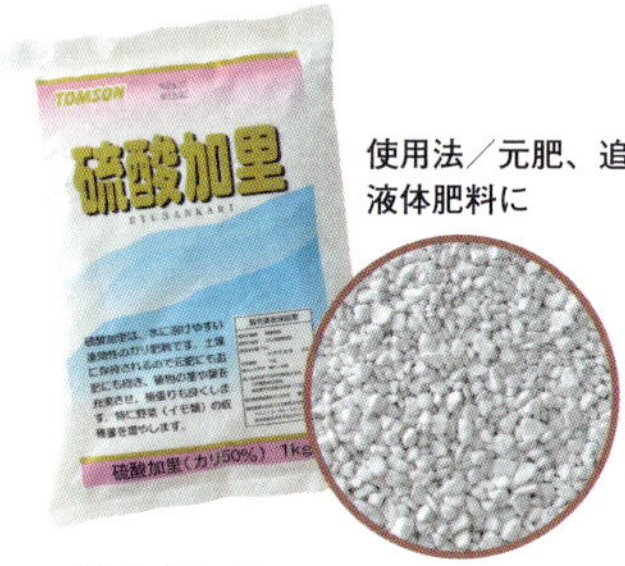

使用法／元肥、追肥、液体肥料に

成分比／K＝50

硫酸カリ（硫加）

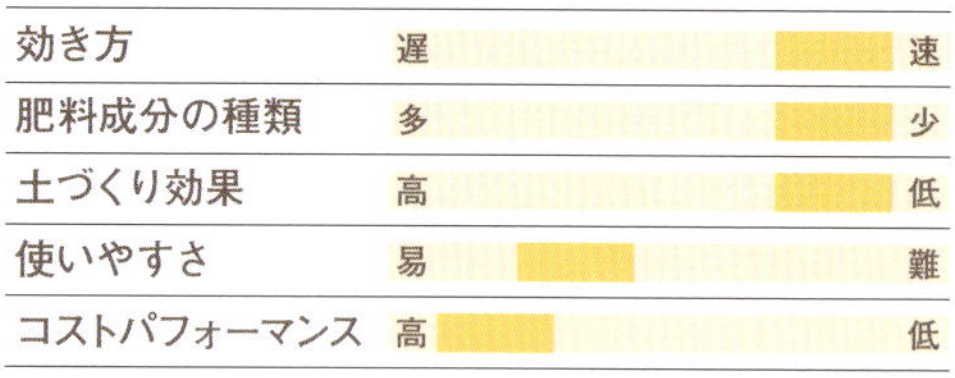

イモ類に最適な速効性カリ肥料

特徴

化学肥料の一種で、水に溶けやすいカリを50％ほど含む、速効性の単肥です。水に溶けたカリは、土にも多少は保持されるので、追肥だけでなく、元肥にも利用できます。同じカリ肥料の塩化カリ（塩加）とは異なり、イモ類に使っても、繊維質が多くなることがありません。

化成肥料や、配合肥料の原料にも用いられます。

使い方

硫安などの窒素肥料と組み合わせて、追肥に使うとよいでしょう。三要素等量の化成肥料は便利ですが、追肥に使うとリン酸は、その作では利用できません。単肥を組み合わせて使うほうが合理的です。

水で100～200倍に薄めて、液体肥料として使うこともできます。果菜類の追肥に向いています。

成分含有量が多く、しかも速効性なので、過剰施肥になりがちです。肥焼けを起こすほか、マグネシウムとカルシウムの吸収も妨げられるので注意しましょう。また、副成分の硫酸によって、土が酸性化するので、土のpHにも注意します。

MEMO

カリ肥料の塩化カリ（塩加）とは異なり、サツマイモやジャガイモに使っても、繊維質が多くならない。窒素肥料の硫安、リン酸肥料の過リン酸石灰と合わせて元肥に使うとよい。

肥料の表示を見る

肥料の袋をよく見ると、小さな字で書かれた「生産業者保証票」「指定配合肥料生産者保証票」「肥料取締法に基づく表示」といった欄があります。

難しそうで、見るのもめんどうと思うかもしれませんが、じつはたいせつな情報が書かれています。この表示は法律で義務づけられたもので、肥料の種類によって、いくつかのタイプがあります。

下図はその一例です。商品名だけではどんな肥料かわからないときも、保証成分量や原料の種類を読めば、特徴を知ることができます。

なお、肥料の種類によっては、表示義務がないものもあります。

この肥料に含まれる肥料成分の割合がわかる。含有量の保証値のため、実際の含有量はこれより多いことがある。「肥料取締法に基づく表示」の場合には、「主要な成分の含有量等」と書かれ、実際の含有量が書かれている。

肥料の種類によっては、この記載がある。これを見ることで、なにが含まれているか、具体的にわかることがある。割合の多いものから順に並んでいる。

生産業者保証票

登録番号	生第○○○○○号	
肥料の種類	化成肥料	
肥料の名称	野菜化成 888 肥料	
保証成分量（%）	窒素全量	8
	りん酸全量	8
	内く溶性りん酸	3
	加里全量	8

原料の種類

（窒素全量を保証又は含有する原料）

尿素、骨粉質類〈蒸製骨粉〉、動物かす粉末類〈肉かす粉末〉

備考：1　窒素全量の量の割合の大きい順である。

2　〈　〉内は骨粉質類及び動物かす粉末類の内容である。

3　蒸製骨粉は、牛及び豚に由来するものである。

4　肉かす粉末は、豚に由来するものである。

（農林水産大臣の確認を受けた工程において製造された原料）

蒸製骨粉

備考：蒸製骨粉は、牛のせき柱等が混合しないものとして農林水産大臣の確認を受けた工程において製造されたものである。

正味重量	10kg
生産した年月	袋面記載

生産業者の氏名又は名称及び住所

やさい畑株式会社　東京都新宿区市谷船河原町 ○○

生産した事業場の名称及び所在地

やさい畑製作所　東京都新宿区市谷船河原町 ○○

見慣れない名前が書かれていることが多いが、これが登録や申請に用いられた名前。いわば正式名称。

根から分泌される有機酸に溶けて、作物に吸収されるリン酸の割合。すぐには効かないが、ゆっくり長く効く。

原料にウシの部位が含まれている場合は、BSE の原因となるウシの脳や脊髄などが混入していないことを明記している。

ボカシ肥のつくり方

あらかじめ分解を進ませた肥料

植物は、油かすや魚かすなどの有機質肥料を、そのままの形では吸収することができません。これらの有機質肥料は、微生物などによって無機物に分解されることで、初めて植物が利用できる形になります。そのため、肥効が現れるまでに時間がかかり、作付けの2～3週間前までに施しておかねばなりません。

また、分解のさいには、熱やガスが発生するため、分解が不十分だと、野菜の生育障害などの原因になることがあります。さらに、肥料に害虫がひきつけられることもあります。それらの問題をクリアした肥料が、ボカシ肥です。

ボカシ肥は、畑に施す前に、あらかじめ有機質肥料を発酵させ、野菜がそのまま利用できる形まで分解を進めたものです。ボカシ肥づくりは、畑の土の中で行われる有機質の分解を、畑の外で行うための方法といえます。

肥効がすぐに現れる

数種類の有機質肥料を組み合わせることで、微量要素も豊富に含まれた、質のよいボカシ肥がつくれます。十分に発酵させたものなら野菜への害が少なく、早く吸収されるので、作付けの1週間前に施すことができます。また、すぐに肥効が出るので、有機農法での追肥にも利用できます。

ボカシ肥は、97ページの手順により、簡単につくることができます。全量で10kgほどからつくれますが、一度に40～50kgつくるほうが発酵が進み、品質が高まります。なお、発酵のさいには強烈な悪臭が発生するため、迷惑にならない場所でつくりましょう。

また、できあがったボカシ肥は、なるべく早く使うようにしましょう。

ボカシ肥のつくり方の一例

1 有機質肥料を混ぜ、水を加える

有機質肥料（油かす、骨粉、魚かす）を混ぜ合わせる。手で握ってかたまりができる程度に水を加え、よくかき混ぜる。

材料

魚かす　骨粉　油かす

油かす3kg、骨粉1kg、魚かす1kgでつくる場合、水3～4ℓと、畑の土5kg、20ℓのふたつきポリバケツを用意する。この割合だと、おおむね窒素2.4%、リン酸2.6%、カリ0.4%程度のボカシ肥ができる（正確な成分量は、使用した有機質肥料の成分量によって変わる）。

2 肥料と土を重ねる

表面から1～2cm下のやや湿った畑の土を、1の有機質肥料と同量用意する。バケツに土を入れ、1の有機質肥料と交互に積み重ねていく。

3 ふたをして発酵させる

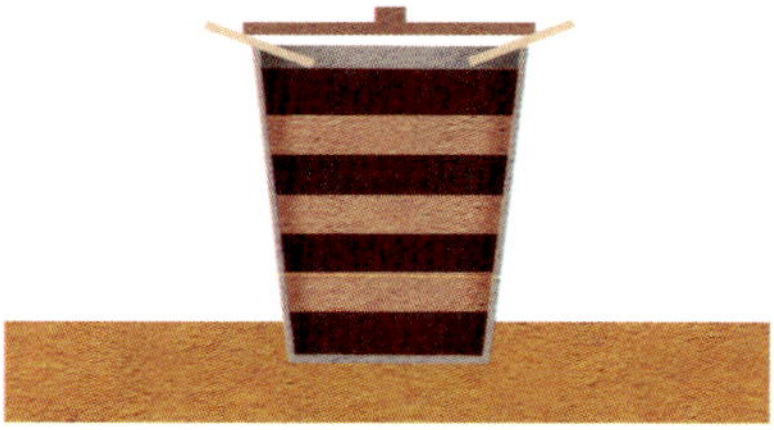

バケツのいちばん上は、悪臭を吸うよう、土の層になるようにする。空気が入るように、ふたとバケツの間に棒などを挟み、隙間をあけておく。

4 切り返す

バケツに入れ2週間くらいしてからは、発酵を進めるため、1週間に1～3回、移植ゴテなどでかき混ぜて、切り返しをする。

5 少し乾かして保存する

1～2か月たち、悪臭がしなくなれば完成。すぐに使うのが望ましいが、保存する場合は、少し乾かしてから、厚手の紙袋などに入れる。

COLUMN
❷

土はどうやってできた？

土の始まりは岩から

身のまわりに、当たり前のように存在する土。さまざまな植物が根を下ろし、幾多の土壌微生物や土壌動物がすむ、生態系の要となるたいせつな場所ですが、そもそもこの土は、どのようにして誕生したのでしょうか。

土ができるには、太陽や風雨などによる風化作用に加え、生物の存在が深く関係しています。

地球が誕生したときに、地球の表面にあったのは岩だけでした。これが長い時間をかけて、太陽の熱や雨風などによって風化され、砕かれていきました。

砕かれた破片は、移動しながら、細かな石や砂となって堆積していき、活発な火山活動に伴い、火山灰も降り積もりました。

生物の関与が不可欠

ここにすみ着いたのが、光合成で生存に必要なエネルギーを得ることができる地衣類（菌類の仲間。藻類と共生関係にある）や、無機物だけで育つ特殊な微生物です。

これらの生物が出す物質が、石や砂を溶かし、さらに細かくしていきました。

そして、これらの生物の死骸は、有機物として土に蓄えられ、微生物の餌や、植物の養分となっていったのです。

一方で、石や砂から溶け出た成分が水と反応して、粘土もできていきます。

このようにしてできた砂と粘土を、有機物の分解によってできた腐植が糊の役割をしてくっつけ、徐々に土が団粒化していきます。

土ができてくれば、そこで育つ植物の種類と量が増えます。その結果、落ち葉など土に供給される有機物も増えて、さらに多くの植物が育つようになります。

こうした過程を経ながら、何千年、何万年という長い年月をかけて、土はつくられてきたのです。

第3章

ワンランクアップの土づくり

土壌と連作障害

連作障害の症状例

青枯病にかかったトマト。初期は晴れた日の日中にしおれ、夜に回復するが、それを繰り返すうちに元に戻らなくなり、枯死する

線虫害にあったキュウリの根。ネコブセンチュウやネグサレセンチュウが原因で、根にこぶができ、養水分の吸収が悪くなる

連作障害の症状

同じ畑で同じ科の野菜をつくり続けると、野菜の生育が悪くなったり、病気や害虫の被害がひどく出たりすることがあります。これが連作障害です。

代表的なものの一つは、線虫による被害です。ネコブセンチュウなどが植物の根に寄生し、養水分の吸収を妨げます。根を見ると、こぶが数珠《じゅず》のように連なっているので見分けがつきます。

同じように根にこぶができて養水分の吸収が妨げられる根こぶ病は、土から伝染する土壌病害で、アブラナ科だけが感染します。幼苗期に感染すると枯死する場合がありますが、生育後半ならたいがい軽い被害ですみます。

ほかにも、ナス科に多く発生する青枯病、ウリ科に多く発生するつる割病など多くの種類の土壌病害があり、葉のしおれや黄化、枯死などを引き起こします。

連作障害の原因

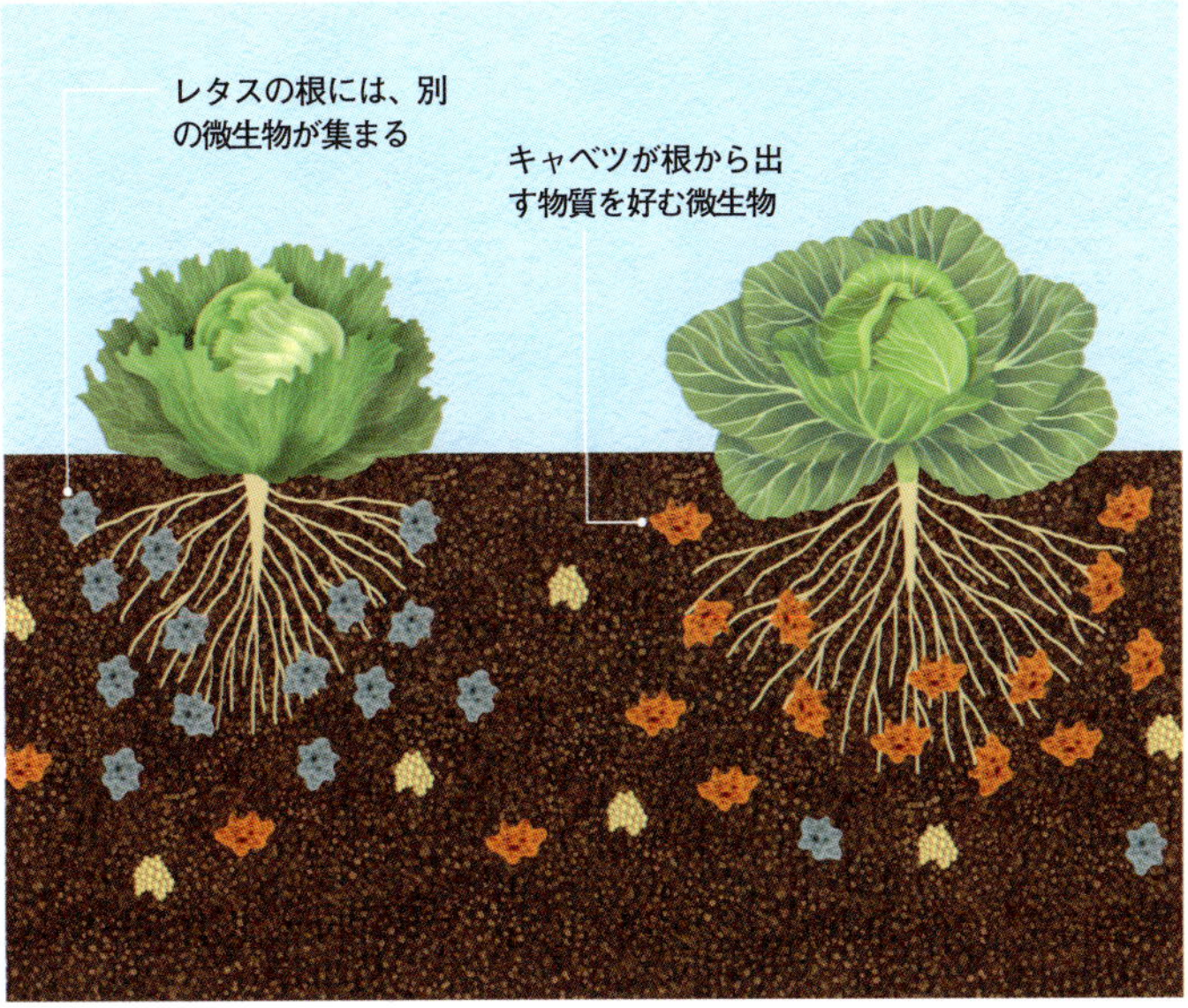
レタスの根には、別の微生物が集まる
キャベツが根から出す物質を好む微生物

根から分泌される物質に引き寄せられ、野菜ごとに特定の微生物が集まりやすい

①特定の微生物の増加

土の中には、さまざまな微生物がいます。肥料を分解して、野菜が吸収できる形にするなど、野菜にとってよい働きをする微生物がいる一方で、病気を引き起こす病原菌もたくさんいます。

植物の根からは、微生物の餌となる有機物や糖、アミノ酸などが分泌されており、土の中の微生物は、これらの物質を求めてその周囲に集まってきます。微生物にも好き嫌いがあり、さらに同じ科の植物は似通った物質を分泌するため、同じ科の野菜を続けてつくると、集まってくる微生物も同じ種類になってしまいます。

つまり、同じ科の作物をつくり続けると、生物相のバランスが崩れ、その科をターゲットとする病原菌の密度が高くなってしまいます。その結果、土壌病害が発生しやすくなるのです。

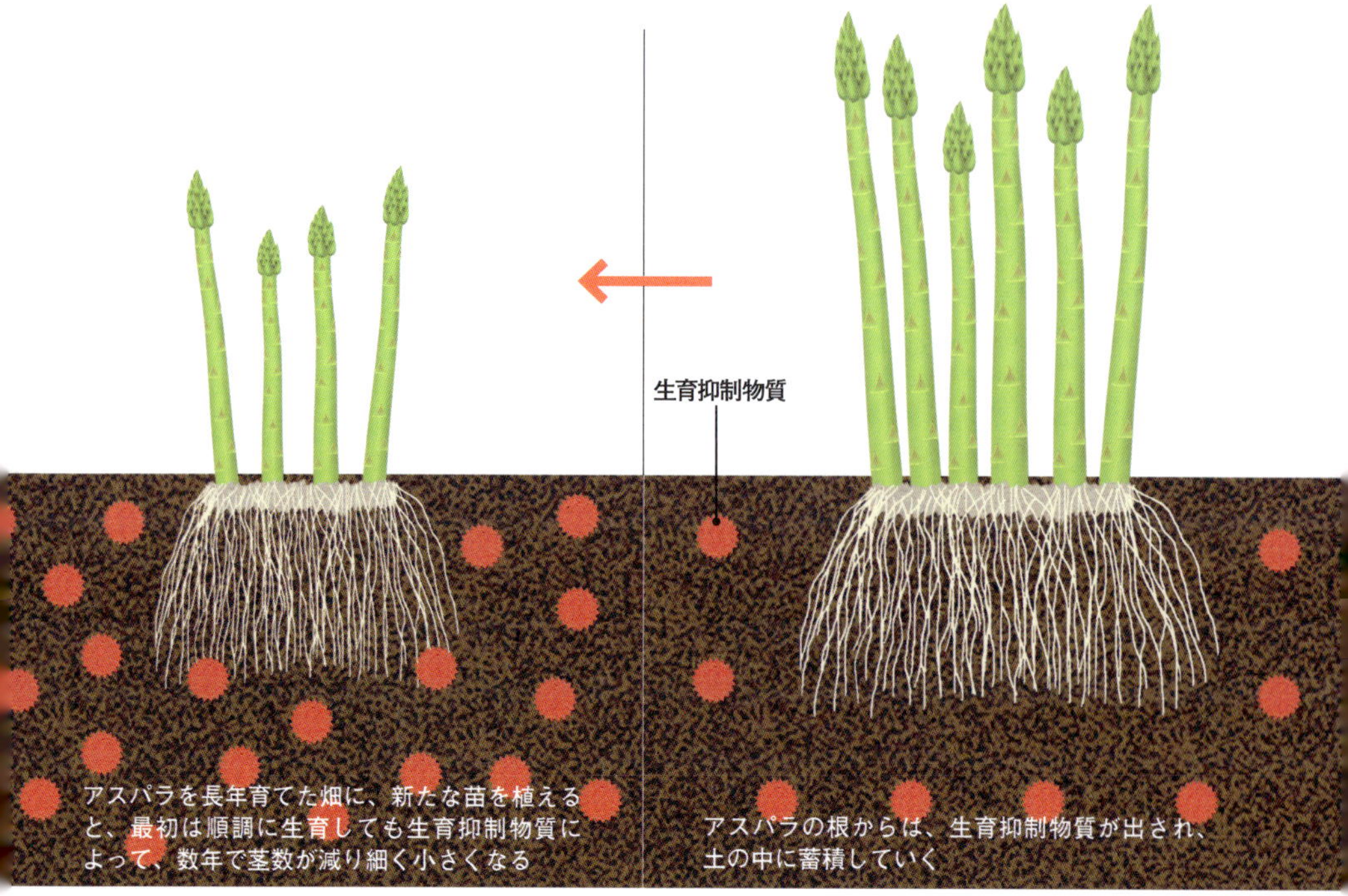
生育抑制物質
アスパラを長年育てた畑に、新たな苗を植えると、最初は順調に生育しても生育抑制物質によって、数年で茎数が減り細く小さくなる
アスパラの根からは、生育抑制物質が出され、土の中に蓄積していく

②生育抑制物質による自家中毒

植物は自分の身を守るために、ほかの植物の生育を抑制する物質を根から分泌しています。アレロパシー（他感作用）と呼ばれる作用で、周囲にほかの植物が入ってこないように、生育抑制物質を出しているのですが、この物質の濃度が高くなると、自分自身の生育にも影響が出てきます。そして、いわば自家中毒になって、生育が衰えてきます。

どのような野菜にこの作用があるかなど、まだ研究途上の部分もありますが、これも連作障害の原因の一つと考えられています。

野菜ではありませんが、よく知られている例に、雑草のセイタカアワダチソウがあります。

いっときは全国の荒れ地を席巻する勢いだったセイタカアワダチソウですが、今では限られた場所でしか目にしなくなりました。これは、ほかの植物の生育を抑制する物質を出して勢力を拡大したものの、増えすぎた結果、自身が影響を受けて、生育できなくなったものと考えられます。

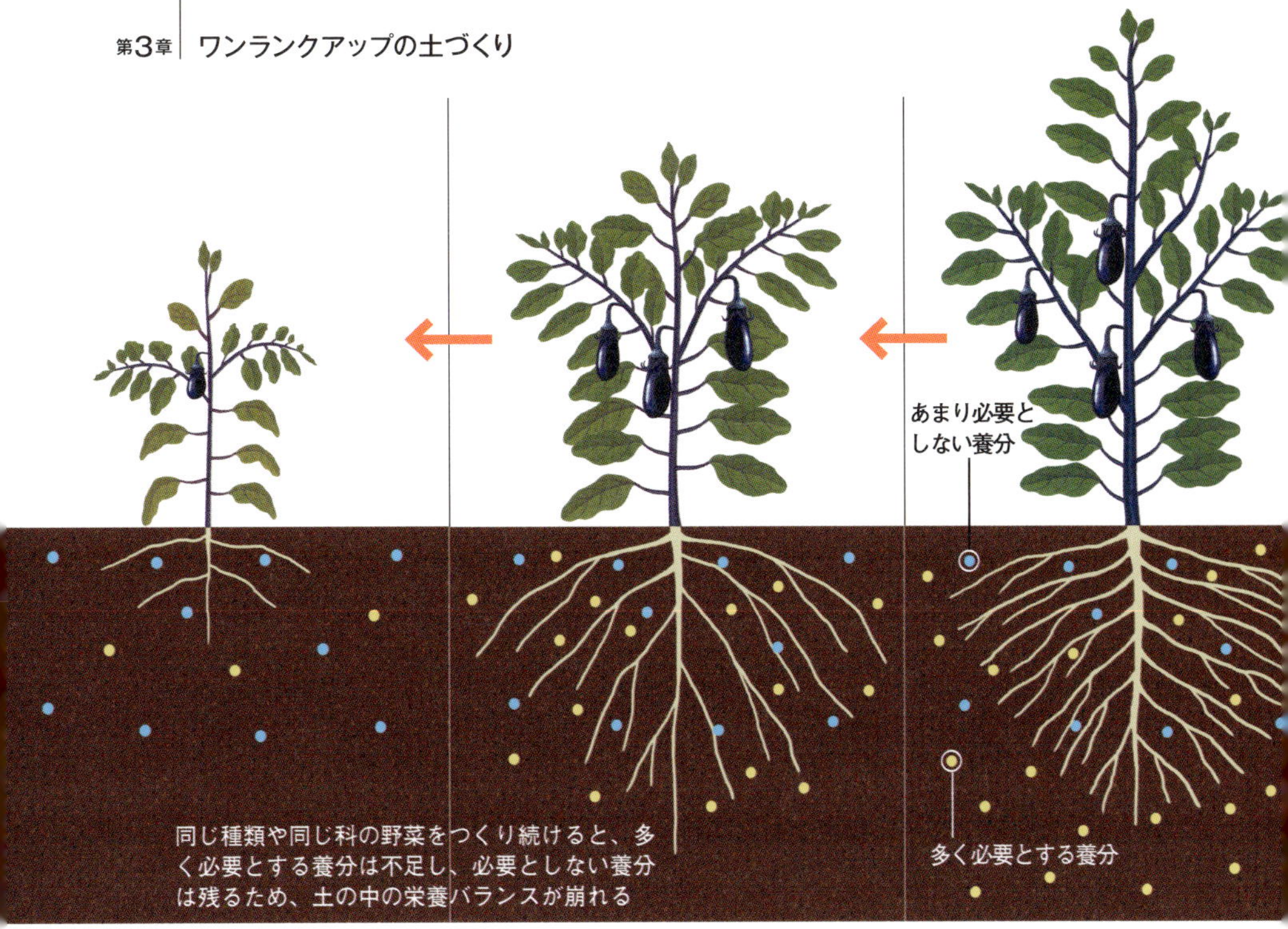
あまり必要としない養分
多く必要とする養分
同じ種類や同じ科の野菜をつくり続けると、多く必要とする養分は不足し、必要としない養分は残るため、土の中の栄養バランスが崩れる

③養分バランスが崩れる

野菜が必要とする養分は、野菜の種類ごとに異なっています。さらに同じ科の野菜であれば、同じような養分を必要とすることが少なくありません。そのため連作をすると、多く必要とする養分は不足し、あまり必要としない養分は土の中に残っていきます。その結果、土の中の養分バランスが崩れます。

野菜が吸収する養分は、相互に影響し合うことが知られています。たとえば、カルシウムは、土の中のカリやマグネシウムが過剰になると、根が吸収できなくなります。マンガンは、カルシウムが少ないと、過剰に吸収してしまいます。

そのため、土の中の養分バランスが崩れると、欠乏症や過剰症が起こりやすくなり、生理障害が発生します。さらに、生理障害が起こると野菜の体力が低下するので、病害虫の被害も受けやすくなります。

なお、連作による特定の養分の過不足は、微量要素でも起こります。こちらは、直接、欠乏症や過剰症に結びつきます。

連作障害を防ぐ

①輪作をする

連作障害を防ぐもっとも基本的で、かつ根本的な対策は、同じ場所で、同じ野菜を続けてつくらず、ほかの野菜を順番につくっていくことです。これが「輪作」です。ただし、野菜の種類が違っていればよいということではなく、つくる野菜の科を替えることがポイントです。たとえば、ジャガイモやナス、トマトは、いずれもナス科なので、続けてつくることはできません。

違う科の野菜をつくれば、土の中の環境が偏らず、土の生物相が豊かになります。養分バランスも均衡がとりやすくなるため、連作障害が起こりにくくなります。

野菜の科ごと、野菜の種類ごとに、どのくらいの年数をあければよいかの目安があります（左表）。

輪作をするには、たとえば1年めの春夏にナス科をつくったら、秋冬にはアブラナ科、2年めの春夏にはウリ科、秋冬にはヒユ科、3年めの春夏はマメ科というように、パターンをつくるとよいでしょう。さらに畑をあらかじめ分割し、Aはナス科からスタート、Bはウリ科からスタートというようにずらし、その科の中で違う野菜を選ぶようにすれば、いろいろな野菜をつくることができます。

なお、市民農園では、ほとんどの場合、自分の前に借りていた人がどのような野菜をつくっていたかを知ることはできません。しかし、人気の高いトマトなどのナス科の野菜がつくられていた可能性はきわめて高いはずです。こうした場合は、1年めはトウモロコシをつくることをおすすめします。

トウモロコシは、クリーニングクロップ（お掃除作物）ともいわれ、土の中の余分な肥料分を吸収します。また、根のまわりに集まってくる微生物の種類も一変します（106ページ）。

畑の分割利用の例

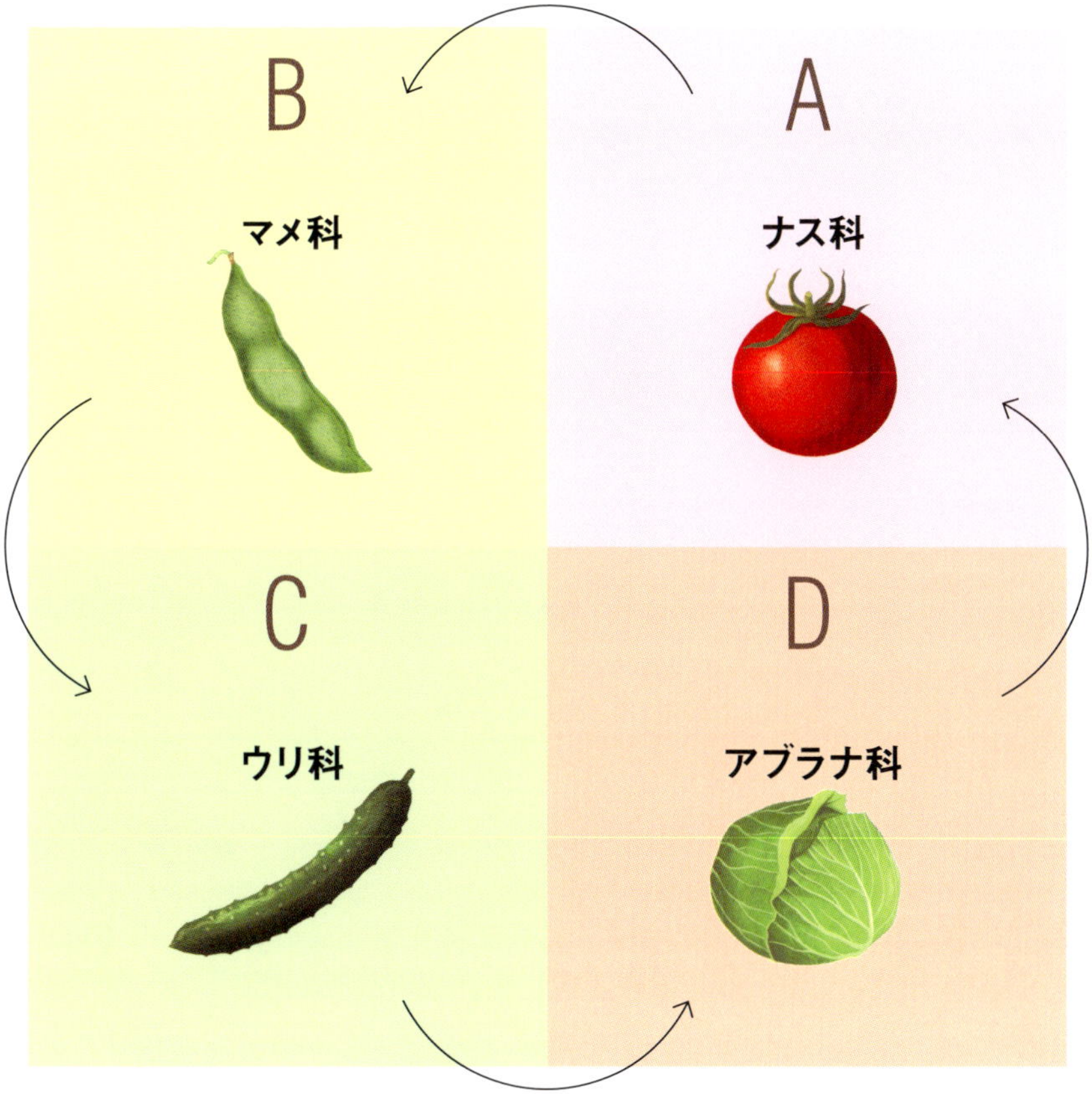

たとえば、畑を４分割し、育てる野菜の科をローテーションさせていくと、輪作となり、連作障害を防ぐことができる。

あいだをあけるとよいとされる年数の目安

ナス科	トマト、ピーマンは3〜4年、ナスは5〜6年、ジャガイモは2〜3年
ウリ科	キュウリ、ズッキーニ、スイカは2〜3年、ゴーヤーは1〜2年
アブラナ科	キャベツ、ブロッコリー、カブは1〜2年、ハクサイは3年
マメ科	エダマメ、インゲンは1〜2年、エンドウ、ソラマメは4〜5年
ヒガンバナ科	ネギ、タマネギは1〜2年、ニンニクは2年、ニラは2〜3年
ヒユ科	ホウレンソウは1年

②トウモロコシをつくる

連作障害を軽減するには、ギニアグラスやクロタラリア、ヘアリーベッチなどの緑肥作物をつくり、土にすき込むとよいといわれています。

しかし、スペースが限られた家庭菜園では、1作を緑肥のために使うのは現実的ではありません。そこで、同じ働きをするトウモロコシを育てれば、実の収穫をしつつ、緑肥と同様の効果を得ることができます。

ほとんどの野菜は双子葉植物ですが、トウモロコシは単子葉植物です。遺伝的に遠く離れているため、根から分泌される有機酸もまったく別のものとなり、集まってくる微生物の種類も一変します。そのため、微生物の偏りによって起きる連作障害が軽減します。

さらに、トウモロコシは吸肥力が強いので、養分バランスの偏りも是正されます。その結果、輪作の期間が半分ほどに短縮されます。

ただし、すき込んだ茎葉が分解し、次の野菜を作付けできるようになるまでには、夏でも2か月程度が必要です。

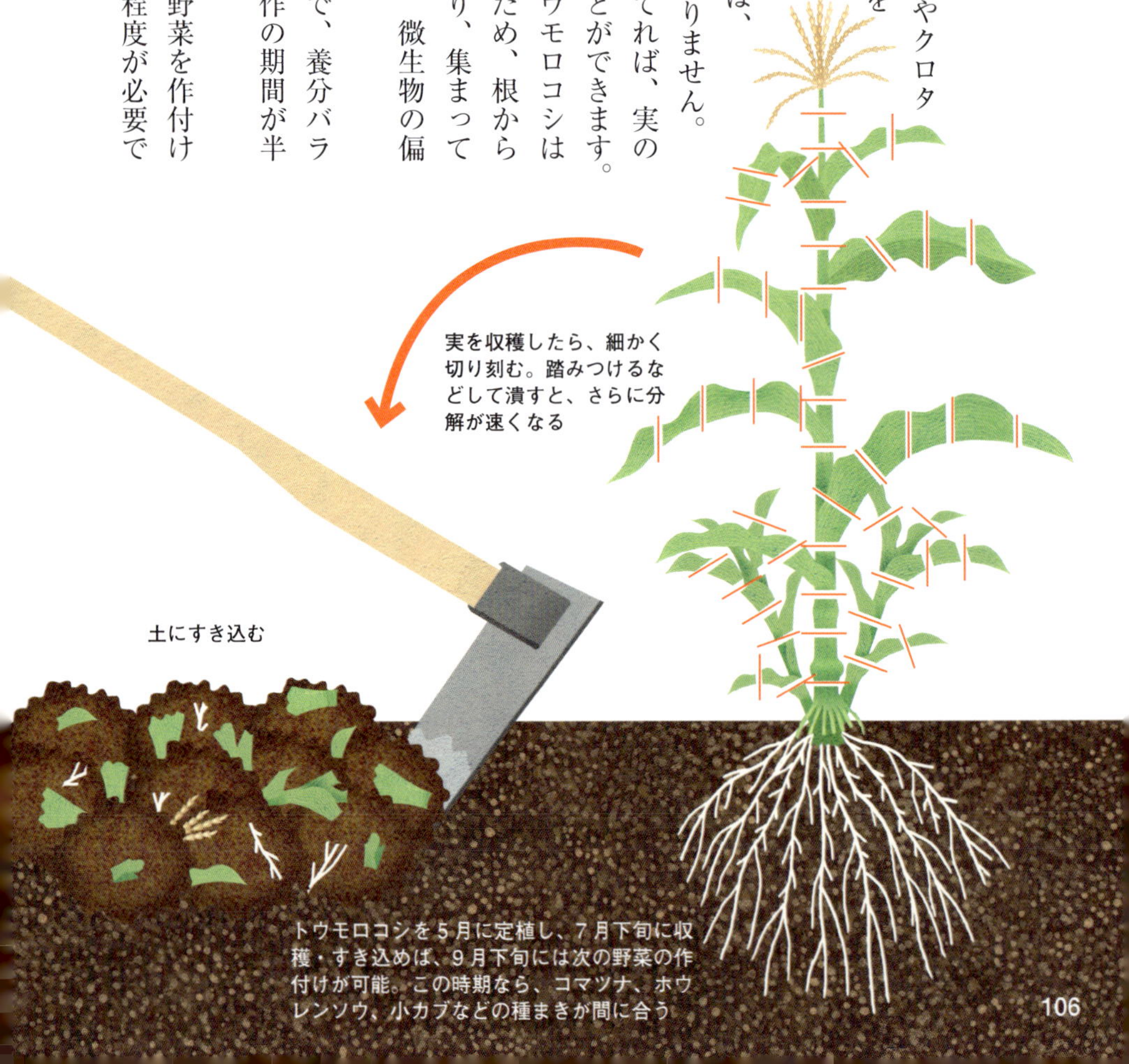
実を収穫したら、細かく切り刻む。踏みつけるなどして潰すと、さらに分解が速くなる
土にすき込む
トウモロコシを5月に定植し、7月下旬に収穫・すき込めば、9月下旬には次の野菜の作付けが可能。この時期なら、コマツナ、ホウレンソウ、小カブなどの種まきが間に合う

③カニ殻肥料を使う

連作障害の一つであるフザリウム菌による土壌病害の予防に効果があるのが、カニの殻を乾燥・粉砕したカニ殻肥料です。

カニ殻には、キチン質という物質が多く含まれています。これを土の中に入れると、キチン質を好んで餌にする放線菌という細菌が急激に増えます。じつは、病原菌であるフザリウム菌の細胞壁も、カニ殻と同じキチン質でできています。そのため、カニ殻を食べて増えた放線菌が、フザリウム菌も食べてしまうのです。

フザリウム菌による土壌病害には、ダイコン、イチゴの萎黄病、インゲンの根腐病、トマトの萎ちょう病、スイカのつる割病などがありますが、フザリウム菌が一定以上増える前なら、病気の発生をある程度抑えることができます。

ただし、カニ殻はあくまでも肥料です。製品によってばらつきはありますが、窒素は4％程度、リン酸は1％から多いものでは5〜6％も含まれています。この成分量を成分表示などで確認し、元肥の量を調整しましょう。

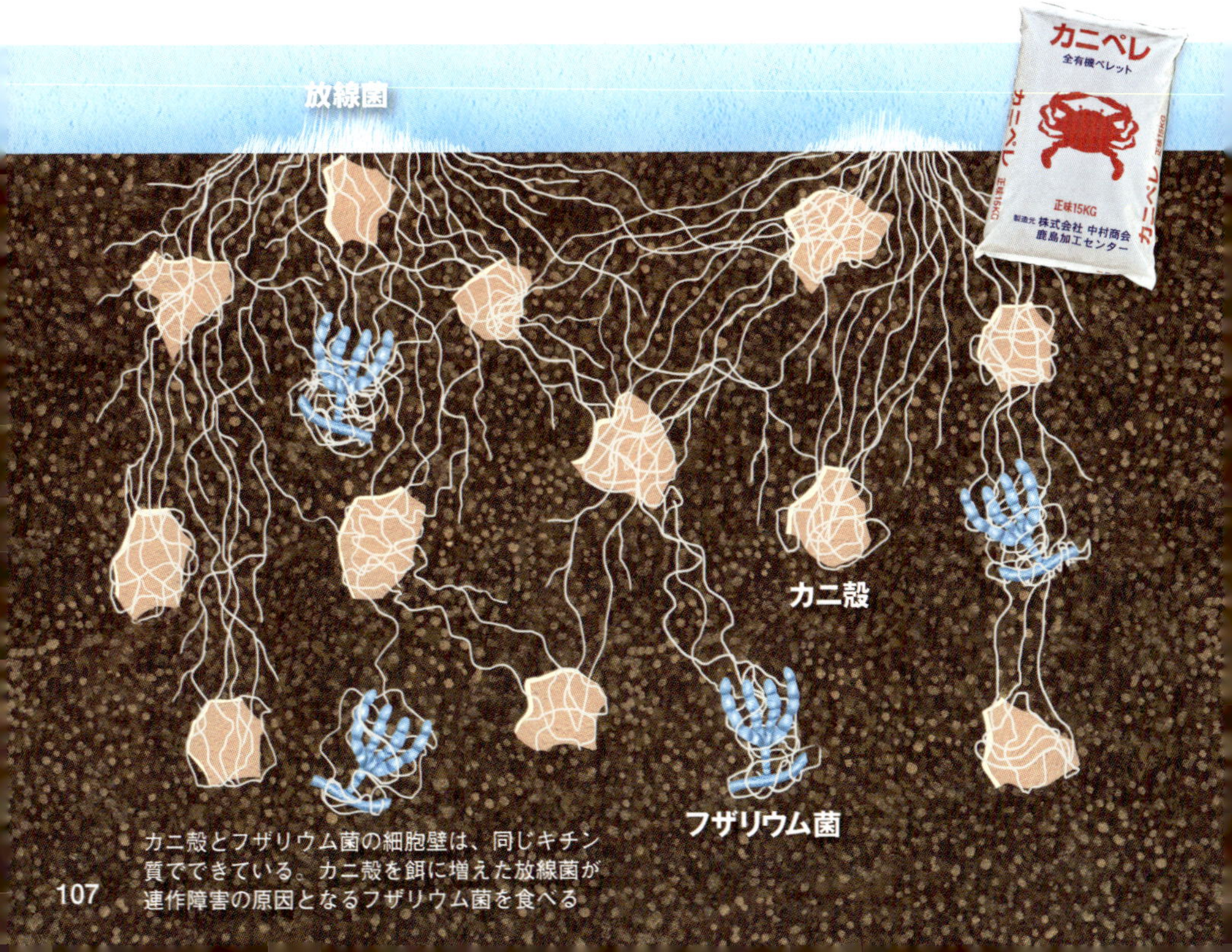

カニ殻とフザリウム菌の細胞壁は、同じキチン質でできている。カニ殻を餌に増えた放線菌が連作障害の原因となるフザリウム菌を食べる

オリジナル培養土のつくり方

畑以上によい土であることが必要

1章でみてきたとおり、野菜が健全に育つ土は、排水性と保水性を兼ね備え、通気性に優れ、保肥力があるという条件を満たしている土です。プランターなどの容器栽培でも、この基本は変わりません。

しかし、地中深くまで根を自由に伸ばすことのできる畑に比べ、容器栽培では土の量が限られ、根が張れる範囲も限られています。そのため、畑以上によい土であることが求められます。

とりわけたいせつなのは、通気性です。根が生きていくためには、酸素が不可欠ですが、スペースが限られた容器栽培では根がぎっしりと張り、根どうしが酸素を奪い合って、酸素不足になりやすいのです。土の排水性がよければ、流れ出す水につられて、土の中に酸素が引き込まれ、通気性もよくなります。

培養土のつくり方

家庭菜園で苗を育てようとする場合は、ポリポットに種をまくことが多いでしょう。このときに使う土も、プランターなどで使う土も、同じ方法でつくることができます。

作付けの1週間ほど前に、ベースになる赤玉土6～7、排水性や通気性を改良するための腐葉土2～3、そして調整用土としてピートモス、もしくはバーミキュライト1の割合で配合して混ぜ合わせます。さらにできあがった用土10ℓにたいして、苦土石灰5～10gほどを加えて、なじませておきます。

赤玉土は園芸店やホームセンター、JAなどで販売されていますが、入手できない場合は、庭や畑の黒土でも代用できます。ただし、赤玉土よりも排水性が劣るので、腐葉土の割合を多くしましょう。

培養土の配合例

赤玉土を使う場合

赤玉土６～７：腐葉土２～３：ピートモス（もしくはバーミキュライト）１

黒土を使う場合

黒土は赤玉土より排水性が悪いので、腐葉土の割合を高める

黒土５～６：腐葉土３～４：ピートモス（もしくはバーミキュライト）１

プランターでの施肥

元肥として、緩効性の肥料を使う場合は、早めに培養土に混ぜておくと効きが早くなる。追肥には液体肥料が便利。水やり代わりに施せば、すぐに効果が現れて、肥焼けの心配もない。畑とは異なり、散布する面積が狭く、日常的に水やりをする必要があるので、手間にはならない。

COLUMN
3

日本に分布する土の種類

地域ごとに土は変わる

よその地域を訪れたときに、畑の土の色や形状が見慣れたものと違っていて、驚いたことのある人も多いのではないでしょうか。

日本は、面積が狭いわりに、多くの種類の土が分布しています。土壌の世界では、大きく16種類に分類されており、それぞれに性質が異なります。

畑の多くは黒ボク土

畑として利用されている土でもっとも多いのは（畑の約40％）、「黒ボク土」です。

火山灰に由来する黒く軽い土で、関東地方の台地や、大きな火山の周辺に広く分布しています。この名称は、黒くて、ボクボクする感じからつけられたといわれています。

保水性や排水性に優れていますが、リン酸を吸着するアルミニウムを多量に含んでいるため、植物がリン酸を利用しにくいという特徴があります。

近畿地方以西に多い褐色森林土

関東地方や、中部地方の内陸部には比較的少ないものの、全国的に分布し、とくに近畿地方以西に多いのが、表層が褐色や暗褐色をした「褐色森林土」です。酸性で、有機物はあまり含まれていません。おもに畑に利用されています。

水田に多く利用されているのは、排水性の低い「灰色低地土」「グライ土」「多湿黒ボク土」などです。

灰色低地土とグライ土は沖積土壌で、河川の働きなどによってできたものです。多湿黒ボク土は黒ボク土の仲間で、火山灰に由来します。北海道や東北、北関東ではグライ土の水田が比較的多く、西日本では、灰色低地土の水田が広く分布しています。

農業環境技術研究所の「土壌情報閲覧システム」などを利用すると、所在地の土の種類を検索することができます。自分の畑の土づくりや、施肥をするさいの参考にするとよいでしょう。

第4章

野菜ごとの施肥プラン

野菜ごとの施肥量早見表

野菜を上手に育てるには、野菜の種類に合った施肥管理がたいせつです。代表的な野菜15種類の施肥量を、どんな肥料を使うかによって、3タイプに分けて紹介します。113ページからの表を参考に、肥料を施してください。

化成限定派

窒素、リン酸、カリの含有割合が同じ、8・8・8の普通化成を使う方法。手軽で簡単、初心者にも向いています。
ただし、野菜が必要とする肥料分は、かならずしも三要素が同量ではないので、不足したり、過剰となる成分も出てきます。

化学肥料派

単肥と、8・8・8の普通化成を組み合わせて使う場合です。むだのない合理的な施肥が可能になります。

化学＆有機折衷派

化学肥料と有機質肥料を併用する方法。地力が十分ついていない畑で、いきなり有機質肥料を使うと、分解が遅れたり、土に保肥力がないため、肥焼けを起こしたりします。そこで、有機栽培への過渡期には、元肥は有機質肥料を中心にし、すぐに効かせたい追肥には化学肥料を使うこの方法がおすすめです。

この表を利用するときの注意事項

1 施肥量は、気候や土質によっても変わる。表は、一般地（関東地方南部を基準）の有機物を多く含む土壌で野菜をつくる場合の目安。また、土づくりでは、表にある堆肥のほか、作物に合った土壌のpHになるように、必要に応じて、石灰資材を施用する。

2 使用する肥料の肥料成分は次のものとする。
硫安（N=21）、過石（P=17）、硫加（K=50）、油かす（N・P・K＝５・２・１）、骨粉（N・P・K＝３・14・０）、魚かす（N・P・K＝６・６・１）

3 施肥量は、植物の生育にもっとも影響がある窒素の量で計算する。そのため、化成限定派では、元肥のリン酸が不足する。正確な施肥を行うには、過リン酸石灰で不足分を補う。また、窒素よりもカリの必要量が少ない野菜では、カリが過剰になる。数回の追肥のうち１回は、化成肥料の代わりに硫安と硫酸カリを組み合わせれば、カリの量が調整できる。

元肥と追肥の割合

窒素

●元肥
半分を元肥で施す。施せるのは、成分量10～15g／㎡まで。それ以上になると、肥焼けなどの障害が起きる。

●追肥
栽培期間に合わせて、1～3回程度に分けて施す。1回当たりに施せるのは、成分量5～10g／㎡まで。

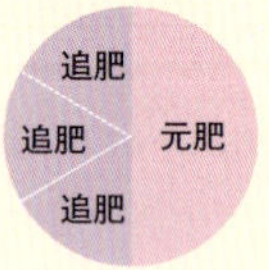

リン酸

●元肥
全量を元肥で施す。

カリ

●元肥
半分を元肥で施す。

●追肥
栽培期間に合わせて、1～3回に分けて施す。

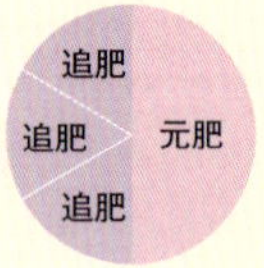

栽培期間を通じて
肥料切れさせない

トマト

適した環境

トマトの原産地は、南米アンデスの高原地帯といわれています。そのため、日ざしが強く、雨の少ない、乾燥した環境を好みます。

雨の多い日本では、雨よけ栽培がおすすめです。病気の発生を減らすことができます。

施肥のポイント

茎葉を伸ばしながら実をつけていくので、栽培期間を通じて肥料切れしないようにします。肥料成分のバランスがたいせつで、窒素が多すぎると、茎葉ばかりが伸びて（過繁茂）、花がつきにくくなります。

一方、窒素が少なめで、リン酸が多めだと、開花中の花房の実つきはよくなりますが、生育が衰え、次の花房が出にくくなります。

元肥は溝施肥にします。追肥は、第1花房の実が大きくなり出したときに開始し、その後は1か月1回を目安に施します。

5月上旬定植
8月上旬ごろまで
収穫の場合

必要な全肥料分
（g／m²）
N＝25
P＝25
K＝20

好適土壌 pH
6.0～6.5

	畑に施す堆肥と肥料の量（m²当たり）		
	土づくり	元肥	追肥
化成限定派	植物質堆肥 2kg	普通化成 188g	2回（各回） 普通化成 63g
化学肥料派	植物質堆肥 2kg	普通化成 188g 過石 59g	1回め 硫安 24g 硫加 10g 2回め 硫安 24g
化学＆有機折衷派	植物質堆肥または牛ふん堆肥 2kg	油かす 120g 骨粉 100g 魚かす 100g 過石 15g 硫加 26g	1回め 硫安 24g 硫加 10g 2回め 硫安 24g

栽培期間が長いので
定期的に追肥する

ナス

適した環境

ナスの原産地は、インド東部と推測されています。高温多湿の環境で、日本の夏の気候と似ているため、もっともつくりやすい果菜類といえます。

果菜類のなかでもとりわけ高温を好むので、早植えは禁物です。

施肥のポイント

トマトとは異なり、多肥を好みます。茎葉の生長と開花・結実が同時に進むこと、さらには、栽培期間も長いので、定期的に追肥して、肥料切れさせないことがたいせつです。肥料が切れると、草勢が衰え、実つきにも影響します。

乾燥が苦手で、土の中に水分が多い環境を好みます。そのため、しっかり土づくりをして、土の保水性を高めておきましょう。

元肥は、溝施肥にします。追肥は定植の1か月後から、1か月に1回を目安に施しましょう。

5月上旬定植
10月下旬ごろまで
収穫の場合

必要な全肥料分
（g／㎡）
N=40
P=40
K=30

好適土壌 pH
6.0～6.5

	畑に施す堆肥と肥料の量（㎡当たり）		
	土づくり	元肥	追肥
化成限定派	植物質堆肥 2kg	普通化成 188g	5回（各回） 普通化成 63g
化学肥料派	植物質堆肥 2kg	普通化成 188g 過石 147g	1～3回め(各回) 硫安 24g 硫加 10g 4～5回め(各回) 硫安 24g
化学＆有機折衷派	植物質堆肥または牛ふん堆肥 2kg	油かす 120g 骨粉 100g 魚かす 100g 過石 104g 硫加 26g	1～3回め(各回) 硫安 24g 硫加 10g 4～5回め(各回) 硫安 24g

肥料が多すぎると
できが悪くなる

ジャガイモ

適した環境

ジャガイモの原産地は、南米アンデス山脈の高地です。冷涼な気候を好み、夏の高温も、霜が降りるような低温も苦手です。やせた土地でも栽培が可能です。若干酸性に傾いた土を好み、アルカリ性に傾くと、そうか病が出やすくなります。

施肥のポイント

肥料はさほど必要としません。多く施しすぎると過繁茂し、イモのできが悪くなるので注意します。

未熟な堆肥は、イモの肌を荒らす原因になります。堆肥は、前作か、作付けの1か月以上前に施しましょう。石灰資材も肌を荒らします。酸性の改良が必要な場合は、アルカリ性に傾かないように散布量に注意しつつ、早めに散布して、土になじませておきましょう。

元肥は、全面施肥にします。追肥は草丈が10～15㎝になったときに、1回だけ行います。

3月上旬植えつけ
6月中旬～下旬
収穫の場合

必要な全肥料分（g／㎡）
N=20
P=25
K=20

好適土壌 pH
5.5～6.0

	畑に施す堆肥と肥料の量（㎡当たり）		
	土づくり	元肥	追肥
化成限定派	堆肥などは前作で施用する	普通化成 188g	1回のみ 普通化成 63g
化学肥料派	堆肥などは前作で施用する	普通化成 188g 過石 59g	1回のみ 硫安 24g 硫加 10g
化学＆有機折衷派	堆肥などは前作で施用する	油かす 100g 骨粉 100g 硫安 19g 魚かす 50g 過石 35g 硫加 27g	1回のみ 硫安 24g 硫加 10g

バランスのよい施肥が重要

キュウリ

適した環境

キュウリの原産地は、インド北西部のヒマラヤ山麓地帯といわれています。低温には弱く、日本の夏の高温もあまり得意ではありません。日当たりと、湿潤な環境を好みます。根が浅く張るので、乾燥しやすい梅雨明け後は、とりわけ注意が必要です。

土質はあまり選びませんが、有機質に富んだ土のほうが、よく育ちます。

施肥のポイント

ぐんぐんとつるを伸ばしながら、次々と実をつけていきます。そのため、肥料切れは禁物です。定期的に追肥を施し、バランスよく肥料を効かせます。

また、肥料切れや乾燥を防ぐために、土づくりをしっかり行い、保肥力と保水性を高めておきましょう。

元肥は溝施肥にします。追肥は、定植の1か月後から、1か月に1回を目安に施します。

5月上旬定植
7月中旬ごろまで
収穫の場合

必要な全肥料分（g／m²）
N=20
P=20
K=15

好適土壌 pH
6.0～6.5

	畑に施す堆肥と肥料の量（m²当たり）		
	土づくり	元肥	追肥
化成限定派	植物質堆肥 2kg	普通化成 125g	2回（各回）普通化成 63g
化学肥料派	植物質堆肥 2kg	普通化成 125g 過石 59g	1回め 硫安 24g 硫加 10g 2回め 硫安 24g
化学＆有機折衷派	植物質堆肥または牛ふん堆肥 2kg	油かす 100g 骨粉 100g 魚かす 34g 過石 12g 硫加 17g	1回め 硫安 24g 硫加 10g 2回め 硫安 24g

着果後の追肥で
実を大きくする

スイカ

適した環境

スイカの原産地は、アフリカ南部、カラハリ砂漠周辺といわれています。高温で日当たりがよく、乾燥した環境を好み、雨のあと、いつまでも湿っているような土は苦手です。

その一方、水はけのよい砂質土なら、問題なく育てられます。

施肥のポイント

生育初期に窒素が効き過ぎていると、茎葉ばかりが伸びて、実がつきにくくなるので、施しすぎに注意しましょう。

着果後は、肥料の吸収量が急増します。この時期に肥料切れすると、実が肥大しないので、このタイミングでの追肥が重要です。

畝は、土を山形に盛り上げた鞍つき畝とし、元肥は畝の底の部分に施します。

追肥は、苗が活着し、つるが伸びだしたら1回め、実が野球ボール大になったころに2回めを施します。

4月下旬定植
7月上旬～下旬
収穫の場合

必要な全肥料分（g／㎡）
N=15
P=20
K=15

好適土壌 pH
6.0 ～ 6.5

	畑に施す堆肥と肥料の量（㎡当たり）		
	土づくり	元肥	追肥
化成限定派	植物質堆肥 2kg	普通化成 63g	2 回（各回）普通化成 63g
化学肥料派	植物質堆肥 2kg	普通化成 63g 過石 88g	2 回（各回） 硫安 24g 硫加 10g
化学＆有機折衷派	植物質堆肥または牛ふん堆肥 2kg	油かす 40g 骨粉 40g 魚かす 30g 過石 69g 硫加 9g	2 回（各回） 硫安 24g 硫加 10g

吸肥力が強く
少ない肥料でも育つ

トウモロコシ

適した環境

トウモロコシの原産地は、アメリカ大陸の熱帯域と考えられています。高温で、日当たりがよく、水はけのよい場所を好みます。

連作障害が少ないので、前年と同じ場所に植えることも可能です。また、吸肥力が強いので、肥料分が過剰に残っている畑で栽培すれば、土をきれいにすることができます。

施肥のポイント

もともと吸肥力が強いので、肥料は少なめでも育ちます。

水はけのよい環境を好む一方で、水が不足すると、実の品質が低下します。土の排水性と保水性をよくするため、有機物をたっぷりすき込んで土づくりしましょう。

追肥は施さず、元肥のみで育てます。全面施肥でも、溝施肥でもかまいませんが、溝施肥のほうが肥料のむだがありません。

4月下旬～5月上旬
種まき、7月上旬～
8月中旬収穫の場合

必要な全肥料分（g／㎡）
N=15
P=15
K=10

好適土壌 pH
6.0 ～ 6.5

	畑に施す堆肥と肥料の量（㎡当たり）		
	土づくり	元肥	追肥
化成限定派	植物質堆肥 2kg	普通化成 188g	なし
化学肥料派	植物質堆肥 2kg	普通化成 125g 硫安 24g 過石 29g	なし
化学＆有機折衷派	植物質堆肥または牛ふん堆肥 2kg	油かす 50g 骨粉 50g 魚かす 100g 硫安 24g 過石 6g 硫加 17g	なし

多肥にせず、少量の肥料をゆっくり効かせる

ダイコン

適した環境

ダイコンの原産地は、中央アジア近辺と考えられています。比較的冷涼な気候を好みます。

根がスムーズに伸びられるように、作土層が深く、よく耕されたやわらかな土が向いています。また、つねに湿った土は苦手です。

施肥のポイント

多肥にせず、栽培期間を通じて、少しずつ肥料を効かせるのがポイントです。

土の中に、未熟な堆肥が残っていると、また根や肌荒れの原因になるので、堆肥は前作で施しておきます。石灰資材も肌を荒らすので、種まきまでに十分な時間をとって施しましょう。

元肥は全面施肥とし、十分に土と混ぜます。有機質肥料を使うなら、肌が汚くならないように、種まきの2～3週間ほど前までに施しましょう。追肥は1回、間引いて1本立ちにしたときに行います。

8月下旬種まき
10月上旬～11月上旬
収穫の場合

必要な全肥料分（g／㎡）
N=15
P=20
K=15

好適土壌 pH
5.5 ～ 6.5

	畑に施す堆肥と肥料の量（㎡当たり）		
	土づくり	元肥	追肥
化成限定派	堆肥などは前作で施用する	普通化成 125g	1回のみ 普通化成 63g
化学肥料派	堆肥などは前作で施用する	普通化成 125g 過石 59g	1回のみ 硫安 24g 硫加 10g
化学＆有機折衷派	堆肥などは前作で施用する	油かす 100g 骨粉 100g 魚かす 34g 過石 41g 硫加 17g	1回のみ 硫安 24g 硫加 10g

吸肥力が旺盛で
大量の肥料が必要

キャベツ

適した環境

キャベツの起源は、ヨーロッパの西部や南部の海岸地帯に自生していた原始型のケールです。そのため、冷涼な気候を好みます。高温多湿の環境では、腐りやすくなります。一方、耐寒性は強く、マイナス4℃くらいまで耐えられます。

施肥のポイント

吸肥力が旺盛で、かなり大量の肥料を必要とします。葉を収穫する野菜ですが、窒素だけでなく、リン酸、カリもバランスよく施さないとうまく育ちません。

元肥は溝施肥にします。結球させるには、外葉が早く展開するように、適切な施肥で、初期生育を促すことがたいせつです。そのため、元肥に有機質肥料を使う場合は、スターターとして、化学肥料を少し加えるとよいでしょう。

追肥は、定植の4週間後に1回め、結球し始めたときに2回めを施します。

［8月中旬～下旬定植
10月下旬～12月上旬
収穫の場合］

必要な全肥料分（g／㎡）
N=25
P=25
K=20

好適土壌pH
5.5～6.5

	畑に施す堆肥と肥料の量（㎡当たり）		
	土づくり	元肥	追肥
化成限定派	植物質堆肥 2kg	普通化成 188g	2回（各回） 普通化成 63g
化学肥料派	植物質堆肥 2kg	普通化成 188g 過石 59g	1回め 硫安 24g 硫加 10g 2回め 硫安 24g
化学＆有機折衷派	植物質堆肥または牛ふん堆肥 2kg	油かす 100g 骨粉 100g 魚かす 50g 硫安 19g 過石 35g 硫加 27g	1回め 硫安 24g 硫加 10g 2回め 硫安 24g

生育初期の
窒素過多に注意

ブロッコリー

適した環境

ブロッコリーの先祖は、キャベツと同じケールの原始型の植物で、途中で分化しました。そのため、性質もキャベツと似ています。冷涼な気候を好み、高温多湿は苦手です。

低温にあうことで花芽が分化し、花蕾がつきます。

施肥のポイント

栽培期間を通じて肥料を効かせる必要があります。ただし、リン酸が不足していたり、生育初期に窒素が効きすぎていたりすると、茎葉ばかりが大きくなって、食用となる花蕾ができにくくなります。そのため、前作で施した窒素が土の中に残っている場合は、元肥の窒素量を減らします。

元肥は溝施肥にします。追肥の時期は、定植の1か月後が目安ですが、株の様子をみながら調整しましょう。旺盛に生育している場合は、施肥量を減らすか、時期を少し遅らせます。

8月上旬～下旬定植
10月下旬～11月下旬
収穫の場合

必要な全肥料分（g／㎡）
N=15
P=15
K=15

好適土壌 pH
6.0 ～ 6.5

	畑に施す堆肥と肥料の量（㎡当たり）		
	土づくり	元肥	追肥
化成限定派	植物質堆肥 1kg	普通化成 125g	1回のみ 普通化成 63g
化学肥料派	植物質堆肥 1kg	普通化成 125g 過石 29g	1回のみ 硫安 24g 硫加 10g
化学＆有機折衷派	植物質堆肥または牛ふん堆肥 1kg	油かす 50g 骨粉 50g 魚かす 50g 硫安 14g 過石 24g 硫加 18g	1回のみ 硫安 24g 硫加 10g

初期生育を促して
外葉を大きく育てる

ハクサイ

適した環境

ハクサイは、中国で栽培・改良された野菜です。その先祖は、北・東ヨーロッパからトルコ高原にかけて自生していたと考えられています。冷涼な気候を好み、結球時の適温は15～16℃です。乾燥には比較的強いのですが、秋の長雨などで、畑の水はけが悪いと根腐れを起こしやすくなります。

施肥のポイント

比較的吸肥力が強いので、肥料切れしないように、窒素、リン酸、カリをバランスよく施します。

大きな球を収穫するには、適切な施肥によって初期生育を促し、外葉を大きく育てることがポイントです。

元肥は溝施肥にします。有機質肥料を使う場合は、初期生育を促すため、早く効く化学肥料を少し加えるとよいでしょう。

追肥は、本葉7～8枚のころに1回め、結球し始めたときに2回めを行います。

8月中旬～下旬種まき
11月上旬～12月下旬
収穫の場合

必要な全肥料分（g／㎡）
N=20
P=25
K=20

好適土壌 pH
6.0 ～ 6.5

	畑に施す堆肥と肥料の量（㎡当たり）		
	土づくり	元肥	追肥
化成限定派	植物質堆肥 2kg	普通化成 125g	2回（各回） 普通化成 63g
化学肥料派	植物質堆肥 2kg	普通化成 125g 過石 88g	2回（各回） 硫安 24g 硫加 10g
化学＆有機折衷派	植物質堆肥または牛ふん堆肥 2kg	油かす 100g 骨粉 100g 魚かす 34g 過石 41g 硫加 17g	2回（各回） 硫安 24g 硫加 10g

初期にリン酸を効かせて根を肥大させる

小カブ

適した環境

カブの原産地は、地中海沿岸から中央アジアにかけた地域と推測されています。冷涼な気候を好み、寒さには強いものの、高温と乾燥は苦手です。根こぶ病が発生するおそれがあるので、前作にアブラナ科野菜をつくった場所は向きません。

施肥のポイント

窒素、リン酸、カリをバランスよく施します。生育初期からリン酸を効かせると、根がよく肥大します。

未熟な堆肥や石灰資材に根が触れると肌が荒れるので、堆肥は前作で施しておきましょう。酸性の改良が必要な場合は、種まきの2週間以上前に苦土石灰を散布します。

施肥は元肥だけで、全面施肥にします。有機質肥料を用いる場合は、土と十分になじんでいないと肌が汚くなることがあるので、種まきの2〜3週間ほど前に施しておきましょう。

［9月上旬種まき 11月上旬〜下旬 収穫の場合］

必要な全肥料分（g／㎡）
N=10
P=10
K=10

好適土壌pH
5.5〜6.5

	畑に施す堆肥と肥料の量（㎡当たり）		
	土づくり	元肥	追肥
化成限定派	堆肥などは前作で施用する	普通化成 125g	なし
化学肥料派	堆肥などは前作で施用する	普通化成 125g	なし
化学＆有機折衷派	堆肥などは前作で施用する	油かす 40g 骨粉 40g 魚かす 40g 硫安 21g 過石 7g 硫加 18g	なし

吸収量以上の
肥料が必要

ニンジン

適した環境

ニンジンの原産地は、中央アジアのアフガニスタン周辺と考えられています。冷涼な気候を好み、21℃以上になると生育が衰え、病気も多発します。

有機質に富んだ、水はけのよい、よく耕された、やわらかな土が向いています。

施肥のポイント

肥料の吸収量はさほど多くありませんが、土の中の肥料濃度が一定に達しないと吸収できません。そのため、吸収量以上の肥料を施す必要があります。

乾燥や肥料切れを嫌うので、しっかり土づくりを行いましょう。ただし、未熟な堆肥は、また根の原因になるので、堆肥は前作で施しておくか、種まきの2か月以上前に溝施用します。

元肥は全面施肥にし、有機質肥料を使う場合は、種まきの2～3週間ほど前に施します。追肥は、本葉6～7枚のころに施します。

7月中旬～下旬種まき
11月上旬～12月中旬
収穫の場合

必要な全肥料分（g／㎡）
N=15
P=20
K=15

好適土壌 pH
5.5 ～ 6.5

	畑に施す堆肥と肥料の量（㎡当たり）		
	土づくり	元肥	追肥
化成限定派	堆肥などは 前作で施用する	普通化成 125g	1回のみ 普通化成 63g
化学肥料派	堆肥などは 前作で施用する	普通化成 125g 過石 59g	1回のみ 硫安 24g 硫加 10g
化学＆有機折衷派	堆肥などは 前作で施用する	油かす 100g 骨粉 100g 魚かす 34g 過石 12g 硫加 17g	1回のみ 硫安 24g 硫加 10g

元肥だけで育て
多肥に注意する

ホウレンソウ

適した環境

ホウレンソウの原産地は、中央アジアから西アジア近辺と考えられています。冷涼な気候を好み、25℃以上になると、生育が衰え、病気が多発します。一方、寒さには強く、マイナス10℃くらいまでは耐えられます。乾燥を嫌いますが、水はけが悪い場合も生育が妨げられます。酸性土壌が苦手で、好適土壌pHは6・5～7・5です。

施肥のポイント

葉を収穫する野菜なので、生育初期から窒素を切らさないようにします。

栽培期間が短いので元肥だけで育てますが、多肥にならないよう、少しずつ肥料を効かせるのがコツです。

そのためにも、しっかり土づくりをして保肥力を高め、保水性と排水性も改善しておきましょう。さらに、土壌pHを調べ、必要に応じて石灰資材を散布します。

元肥は全面施肥にします。

［秋まき冬どりの場合］

必要な全肥料分（g／㎡）
N=15
P=15
K=10

好適土壌pH
6.5～7.5

	畑に施す堆肥と肥料の量（㎡当たり）		
	土づくり	元肥	追肥
化成限定派	植物質堆肥 2kg	普通化成 188g	なし
化学肥料派	植物質堆肥 2kg	普通化成 125g 硫安 24g 過石 29g	なし
化学＆有機折衷派	植物質堆肥または牛ふん堆肥 2kg	油かす 50g 骨粉 50g 魚かす 100g 硫安 24g 過石 6g 硫加 17g	なし

窒素が多いと
さやのつきが悪くなる

エダマメ

適した環境

エダマメは、ダイズを若どりしたものです。ダイズの起源は、中国東北部近辺と考えられています。

温暖でやや多湿な環境を好みます。開花期の高温や低温は、開花に影響し、さやのつきが悪くなります。また、この時期の土の乾燥も、さや数の減少や、空さやの増加につながります。

施肥のポイント

根に共生する根粒菌が、空気中の窒素を固定して根に供給するので、窒素を控えめにするのがポイントです。窒素を多く施してしまうと、茎葉ばかりが繁茂して、さやのつきが悪くなります。

控えめの窒素とリン酸、カリをバランスよく施しましょう。元肥は全面施肥にし、基本的に追肥は施しません。

畑は、保水性と排水性が求められるので、しっかり土づくりをしましょう。

［4月下旬定植
または4月中旬種まき
7月中旬～8月上旬
収穫の場合］

必要な全肥料分（g／㎡）
N=5
P=12
K=5

好適土壌 pH
6.0～6.5

	畑に施す堆肥と肥料の量（㎡当たり）		
	土づくり	元肥	追肥
化成限定派	植物質堆肥 1kg	普通化成 63g	なし
化学肥料派	植物質堆肥 1kg	普通化成 63g 過石 41g	なし
化学＆有機折衷派	植物質堆肥または牛ふん堆肥 1kg	油かす 40g 骨粉 40g 魚かす 30g 過石 22g 硫加 9g	なし

春になり生長が
盛んになったら追肥

エンドウ

適した環境

中近東や地中海沿岸地方などで、ムギと同じくらい古くから栽培されてきた植物です。冷涼な気候を好み、苗の状態なら、0℃以下の低温にも耐えられます。

酸性土壌を嫌い、好適土壌pHは6・5~7・5です。マメ科の中でも連作障害が強く出る作物です。一度マメ科をつくったら、4~5年は間をあけましょう。

施肥のポイント

根粒菌が空気中の窒素を固定して、根に供給するため、窒素はあまり必要としません。窒素を施しすぎると、茎葉ばかりが茂って実がつきにくくなります。

過湿を嫌うので、土づくりをしっかり行って、排水性、保水性を高めます。酸性の改良も重要です。

元肥は全面施肥にします。追肥は3月に入り、生育が旺盛になったら開始し、その後、1か月に1回を目安に施します。

10月中旬~
11月上旬種まき
4月中旬~6月上旬
まで収穫の場合

必要な全肥料分（g／㎡）
N=20
P=20
K=20

好適土壌pH
6.5～7.5

	畑に施す堆肥と肥料の量（㎡当たり）		
	土づくり	元肥	追肥
化成限定派	植物質堆肥 1.5kg	普通化成 100g	3回（各回） 普通化成 50g
化学肥料派	植物質堆肥 1.5kg	普通化成 100g 過石 71g	3回（各回） 硫安 19g 硫加 8g
化学＆有機折衷派	植物質堆肥または 牛ふん堆肥 1.5kg	油かす 100g 骨粉 100g 魚かす 34g 過石 12g 硫加 17g	2回（各回） 硫安 24g 硫加 10g

●監修者紹介
加藤哲郎（かとう・てつお）
東京都生まれ。東京農工大学農学部農学科卒業後、東京都庁入都。東京都農業試験場（現・東京都農林総合研究センター）に勤務。その後、金沢学院短期大学教授、明治大学兼任講師、法政大学兼任講師、成城大学非常勤講師を歴任。『用土と肥料の選び方・使い方』、『土壌肥料用語事典』（共著）、『知っておきたい土壌と肥料の基礎知識』、『押さえておきたい土壌と肥料の実践活用』など著書多数。

デザイン　西野直樹（コンボイン）
編集協力　有竹 緑
イラスト　山田博之
写真　片岡正一郎、鈴木 誠、高橋 稔、瀧岡健太郎、家の光写真部
校正　佐藤博子
DTP 制作　天龍社

いちばんよくわかる 超図解
土と肥料入門

2016年8月 1 日　第 1 刷発行
2025年5月 1 日　第12刷発行

監修者　加藤哲郎
発行者　木下春雄
発行所　一般社団法人 家の光協会
〒162-8448　東京都新宿区市谷船河原町11
電　話　03-3266-9029（販売）
03-3266-9028（編集）
振　替　00150-1-4724
印　刷　大日本印刷株式会社
製　本　大日本印刷株式会社

落丁・乱丁本はお取り替えいたします。
定価はカバーに表示してあります。

ISBN978-4-259-56508-4 C0061